LE THON — LES AMANDES — LE CAHIER — LA VAISSELLE — LE FENOUIL

L'HUITRE — LES CHANTERELLES — LA COCOTTE

LES FROMAGES — LE COCKTAIL — LE TIRE BOUCHON — LES POMMES DE TERRE — LE CÈPE

LES POIVRONS — LE GÂTEAU — LA RHUBARBE — LA SALADE — L'ORANGE

LA LAVANDE — LE SANDWICH — LE MOULIN À POIVRE — LES PIMENTS — LA FARINE

LES ALLUMETTES — LE PANIER — LE ROMARIN — LE THÉ — LA MENTHE

UNE PLANCHE À DÉCOUPER — LE ROULEAU À PÂTISSERIE — LES ABEILLES — LE SAC À DOS — LA BAGUETTE

LES OIGNONS FRAIS — L'HUILE D'OLIVE — L'ARBRE — LE CITRON — LE SAUCISSON SEC

LA TABLE

LA RÂPE

LES CAROTTES

LE TABLIER

LE CONCOMBRE

LE CHOCO

LES VERRES

LES OEUFS

LE THYM

LA POMME

LES BADIANES

LE THÉ

LE SOLEIL

LES PISTACHES

LES CRAYONS

LA CREVETTE

LES CORNICHONS

LES AS

LA CASSEROLE

LE COUTEAU

L'OIGNON

LES TOMATES CERISE

LE CHOU

UNE COU
CHAMPA

LES RAISINS

LA LIMONADE

LE BEURRE

LE BLANC D'ŒUF
LE JAUNE D'ŒUF

LE CAFÉ

LA FRA

UNE CUILLÈRE EN BOIS

LA PLUIE

LA MARYSE

L'HEURE DU DÉJEUNER

LE SEL

LA COQUILLE
SAINT-JAC

LE RÉCHAUD À GAZ

LES CERISES

LA COUVERTURE

L'AIL

L'HERBE

LA CRÈ
CHANTI

UNE BOUTEILLE
DE VIN

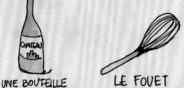
LE FOUET

LA POÊLE

LA GOUSSE
DE VANILLE

UN VERRE
DE VIN

LES OLI

The little Paris kitchen

by

Rachel Khoo

The Little Paris Kitchen

我的小法餐

〔英〕瑞秋·邱/著　　晏 夕/译

北京科学技术出版社

著作权合同登记号　图字：01-2017-9180

图书在版编目（CIP）数据

我的小法餐 /（英）瑞秋·邱著；晏夕译 . — 北京：北京科学技术出版社，2018.6
ISBN 978-7-5304-9481-3

Ⅰ . ①我… Ⅱ . ①瑞… ②晏… Ⅲ . ①西式菜肴 – 烹饪 – 法国 Ⅳ . ① TS972.118

中国版本图书馆 CIP 数据核字（2018）第 055430 号

我的小法餐

作　　　者：〔英〕瑞秋·邱
译　　　者：晏　夕
策划编辑：崔晓燕
责任编辑：代　艳
责任印制：张　良
图文制作：天露霖文化
出 版 人：曾庆宇
出版发行：北京科学技术出版社
社　　　址：北京西直门南大街 16 号
邮　　　编：100035
电话传真：0086-10-66135495（总编室）
　　　　　0086-10-66161952（发行部传真）
　　　　　0086-10-66113227（发行部）
网　　　址：www.bkydw.cn
电子信箱：bjkj@bjkjpress.com
经　　　销：新华书店
印　　　刷：北京宝隆世纪印刷有限公司
开　　　本：720mm × 1000mm　1/16
印　　　张：16.5
版　　　次：2018 年 6 月第 1 版
印　　　次：2018 年 6 月第 1 次印刷
ISBN 978-7-5304-9481-3/T · 956

定价：79.00 元

前　言

　　五年前，我决定去法国蓝带国际学院追寻我的梦想——学习制作法式糕点。于是，我打包了行李，和伦敦挥手告别。乘坐火车穿越英吉利海峡，很快我就来到了巴黎。你好，巴黎！

　　我的巴黎冒险之旅开始了。在这里，面包房新鲜出炉的法棍和牛角包的香味吸引着我。奶酪店橱窗里陈列的成熟得恰到好处的、充满气孔的布里干酪诱惑着我。奶酪店隔壁那家小酒铺的老板总是有一大堆问题要问我，就为了找到最适合搭配我做的餐点的红酒。于是，我给他起了个外号，叫"红酒法西斯分子"。

　　巴黎的露天农产品市场充满了当季的、色彩亮丽的水果和蔬菜，小贩会朝我大喊："姑娘，尝尝甜瓜，很好吃哟！"这是一个与伦敦的菜市场截然不同的世界，伦敦的小贩只会用浓重的伦敦腔叫喊："一磅香蕉一英镑！"我沉迷于咖啡馆和小餐馆的法式风情，喜欢和当地人一样啜饮着玻璃杯中的红酒，看着外面的世界。

　　可是，发现"法国人的生活"并不意味着沉溺于其中，我还有许多辛苦的工作要做。在巴黎的第一个夏天，我进入著名的烹饪学校——法国蓝带国际学院学习糕点制作。我告别了我的裙子，穿上了厨师服。厨师服对女人来说可不算漂亮的衣服，就算是凯特·摩斯（英国超级模特——译者注），穿上厨师服也漂亮不起来！在接下来三个月的学习中，"是的，主厨！"是我说得最多的一句话。终于，我学会了制作法式经典糕点，比如说牛角包和烤布蕾。耗费了200个鸡蛋以及20千克黄油、白糖和面粉后，我从蓝带国际学院毕业了！可我还没准备好离开梦想中的巴黎，于是在一家卖烹饪书的小书店（La Cocotte）找了一份工作，为参加沙龙和新书发布会的人烘焙可口的糕点。正是这份简单的工作引领我进入目前的行业——美食创意。身边发生的事情、烹饪书、工作间以及所有与食物相关的事物，都能激发我的创意。所有的美食都是在我公寓里那间小小的厨房中完成的，那里只有一台迷你烤箱和一个双眼燃气灶。

　　不知为何，全世界的人似乎都忘了法国大餐应该是什么样的。美食界的

头条新闻总是离不开西班牙埃尔布利餐厅（El Bulli）的分子料理、赫斯顿·布卢门撒尔的英式传统菜或者诺玛餐厅（Noma）盛极一时的斯堪的纳维亚美食。法国大餐已经从世人的视线中消失，留给人们的刻板印象是守旧的厨师耗费成吨黄油做出一道万分复杂的菜肴。

"并不是这样的。"我说。法餐的味道和制作技巧不应该和我们每天做的家常菜脱离。居住在法国的我吃过也做过各种美食，从简单的日常晚餐到精美大餐，我都能应付自如。虽然法国厨师老是说一些奇特的术语，比如"肉汁""烫煮"之类的，但这并不意味着你必须在米其林星级厨房里才能做出绝妙的法餐。我当然没有去过那样的厨房，却也想办法做出了各种美食，包括为六人晚宴、八人少女茶话会和双人浪漫情侣套餐准备餐点。

这本书囊括了所有知名的法国菜肴，如勃艮第红酒炖牛肉、红酒焖鸡等，但它不仅仅是一本介绍法国经典菜肴的合集。它讲述了我设计这些配方的故事，有的配方是我在闷热的夏日夜晚在塞纳河畔野餐时想到的，有的是和朋友们一起做晚餐时想到的，有的则是我在家里反复尝试出来的。我在制作菜肴时会根据场合加入自己的创意，因而这本书新颖而简单，很适合朋友和家人一起学习制作法国经典菜肴。

欢迎来到我的小小巴黎厨房！

瑞秋

LES ASPERGES

LA VAISSELLE

LES PIMENTS

LA CREVETTE

LES BADIANES

LE CHOU

LA COQUILLE
SAINT-JACQUES

LE THYM

LES POMMES
DE TERRE

LE POULET

LES POIVRONS

LE FENOUIL

LA LAVANDE

LE FENOUIL

LA CARAFE D'EAU

家常美食

Ma cuisine de tous
les jours

LES BOUGIES

LES FEUILLES DE
LAURIER

LES CAROTTES

LA CREVETTE

LA CARAFE D'EAU

L'OIGNON

LES BADIANES

LE THYM

LA VAISSELLE

LES CAROTTES

LES BOUGIES

LA COQUILLE
SAINT-JACQUES

LE CHOU

LES PIMENTS

LES POMMES
DE TERRE

LES ASPERGES

关于法国人的日常饮食习惯，有太多东西可以说。简单、随机应变和对食材的理解是关键。一般来说，法国人会在上班途中买一杯冒着热气的拿铁咖啡和一个甜甜的、能够抚慰人心的牛角包做早餐。和家人朋友一起吃正餐（通常是晚餐）在法国人看来是头等大事，我会在"家庭晚餐"这一章（第 134 页）专门介绍正餐菜肴。我打算把本章叫"家常美食"，介绍的大多是做午餐或晚餐的简单菜肴。

法国人的传统午餐包括好几道菜，还会配上一两瓶酒，通常会耗费大半个下午的时间。遗憾的是，工作日的悠闲午餐已经不复存在，即便法国人也无法逃离工作文化的影响。于是，三明治快速成为工作午餐的代表，而法国人确实知道如何制作可口的火腿黄油三明治——在表皮酥脆的法棍中涂厚厚的一层黄油，并且夹一片多汁的火腿。它也被称为"巴黎女人"。就算食材简单，它也完胜其他湿乎乎的三明治。

如果午间休息时间比较长，大家会去附近的小酒馆或咖啡馆吃午餐。本地的小饭馆知道顾客想吃什么：能让紧张了一上午的神经放松的食物，比如白葡萄酒烩贻贝、鞑靼牛肉、多菲内奶油焗土豆、香肠土豆泥配魔鬼汁、法式小蛋盅。在这里，可没有精致、考究的菜肴。

写这本书的时候，我决定开我的私房菜馆，让大众检验我的配方。我只提供双人餐，因为我的公寓实在是太小了。订餐的人来自世界各地（包括法国）。很快我就发现，不管来吃饭的是哪个国家的人，他们最喜欢的不是米其林星级厨房出品的美食，而是简单的家常菜——不论谁都可以在家做的菜肴。

卷起你的袖子投身小小的厨房吧，或者如法国人所说的，"把你的双手放在面团上"。这样，你得到的将是值得你坐下来好好品尝的家常美食。

无花果鸡肝沙拉

Fig and chicken liver salad

每当无花果上市的时候（法国七月到九月是无花果最好吃的时候），我都会忍不住买上一些。它们是如此甜美多汁，让我往往还没回到家就把它们吃光了；如果还有"幸存"的，我会用来做一份可口的沙拉。

甜蜜的无花果与奶酪和鸡肝搭配尤其美妙。我小时候并不是特别喜欢吃动物肝脏，但是自从在法国生活后，我渐渐爱上了它们，尤其是它们几乎无须花时间烹饪。省时的菜肴是法国人的最爱！

- 1 大勺黄油 • 1 个红洋葱，切丝 • 1 枝百里香
- 200 克鸡肝，洗净（如果鸡肝特别大，切成两半）
- 适量盐和胡椒粉 • 2 大勺红酒醋 • 100 克混合沙拉菜
- 4 个无花果，每个切成 4 等份 • 适量特级初榨橄榄油，用来淋在沙拉上

在一口大号不粘煎锅中加入黄油，待黄油熔化后加入洋葱和百里香，用中火煎6~8 分钟，或直至洋葱变柔软和略微焦黄。

用盐和胡椒粉给鸡肝调味。调到大火，将鸡肝倒入锅中，每面煎 1~2 分钟，或直至鸡肝表面变成金黄色但内部依然是粉红色的。加入红酒醋，加热 30 秒以使其蒸发。

烹饪鸡肝的同时，将沙拉菜和无花果铺在盘子中。

将鸡肝和洋葱铺在沙拉菜上（取出百里香丢掉），最后淋橄榄油并撒 1 撮盐。

准备时间：10 分钟；烹饪时间：15 分钟

小扁豆沙拉配山羊奶酪、甜菜根和莳萝油醋汁

Puy lentil salad with goat's cheese, beetroot and a dill vinaigrette

法国中部奥弗涅火山区产的小扁豆是法国最好的扁豆。当地充沛的阳光、炎热的气候和矿物质丰富的土壤赋予这种小扁豆独一无二的味道和质地，这也让它在法国拥有"穷人的鱼子酱"的美称。它所含的淀粉少于普通的扁豆，因而更容易保持形状，烹饪时不容易变得黏糊糊的。它的传统烹饪方法是先在水中煮熟，再与切碎的洋葱和肥腊肉一起煎。而我则喜欢用冰箱里的食材随性地搭配，因为它几乎可以和任何食材完美搭配。

• 200 克小扁豆 • 1 片月桂叶 • 1 枝百里香 • 适量盐和胡椒粉 • 1 个煮熟的甜菜根，去皮
• 一把嫩叶沙拉菜（可选）• 200 克新鲜软质山羊奶酪 * • 适量特级初榨橄榄油

莳萝油醋汁原料 • ½ 束莳萝 • 2 大勺葵花子油
• 2 大勺白酒醋 • ½ 小勺盐 • 1 撮白糖

用自来水冲洗小扁豆后放入大号炖锅中，加入月桂叶、百里香和充足的盐。加入体积至少为小扁豆体积 2 倍的开水，要没过小扁豆，煮 15 分钟，或直至小扁豆变软。

煮小扁豆的时候，制作油醋汁：把莳萝（包括茎）、葵花子油、白酒醋、盐和白糖放入电动搅拌器中搅打。尝一下味道，如有必要，可再加一些盐。

用蔬菜刨或锋利的刀把甜菜根切成薄片。

过滤出小扁豆，丢掉月桂叶和百里香。

装盘时，把小扁豆平均分到每个盘子中（或者装入一个大号餐盘中），然后在上面分散地铺上沙拉菜（如果使用）。再放入甜菜根和掰碎的山羊奶酪。淋上莳萝油醋汁和少许橄榄油，最后撒上盐和胡椒粉。

* 如果你喜欢味道更浓郁的奶酪，可以尝试使用费塔奶酪或硬质山羊奶酪。

准备时间：20 分钟；烹饪时间：15 ～ 20 分钟

热土豆苹果沙拉配血肠碎

Warm potato and apple salad with black-pudding crumbs

我在搬到法国居住前，想到吃血肠（又叫黑布丁）就会觉得恶心，但现在我不得不承认偶尔也想吃一两片。

如果你从没吃过血肠，觉得吃下一整根血肠有点儿恐怖，那么这道沙拉很适合你，因为它只用了少量血肠作为装饰。

在法国，血肠通常与煮熟的苹果和土豆搭配，尤其适合天冷的时候享用。我还在这道沙拉里添加了薄荷，赋予它清新的味道。

- 1 小勺橄榄油 • 250 克蜡质土豆（比如毛里什•皮尔土豆或夏洛特土豆），切成小丁
- 适量盐和胡椒粉 • 1 个澳洲青苹果（史密斯苹果）• 1 大勺水 • 1 小勺白糖
- 1 把薄荷叶 • 125 克血肠

把橄榄油倒入锅中，中火加热。锅热后，加入切成丁的土豆，煎 10 分钟，直到土豆丁变软并且变成漂亮的金黄色。不时晃动锅，用盐和胡椒粉调味。

煎土豆丁的同时，将 ¾ 个苹果削皮，切成小丁（剩余的苹果留下备用）。将苹果丁与水和白糖放入碗中混合，盖上盖子，用微波炉加热 1~2 分钟。（或者放入小锅中，盖上盖子煮 5 分钟左右。）

用汤勺的背面把加热好的苹果丁碾成泥，然后盖上盖子，让苹果泥保持温度。

将薄荷叶细细切碎，再将剩下的苹果切成小丁（不去皮）。

土豆丁煎好后，倒入碗中，盖上盖子保温。把锅放回炉子上，继续用中火加热。剥掉血肠的肠衣，把血肠切成碎屑并放入锅中，翻炒 2~3 分钟，使血肠碎颜色均匀地变深。

装盘时，首先在每个盘子里铺 1 大勺苹果泥。然后在上面撒少许薄荷碎，再依次放土豆丁、血肠碎和苹果丁。最后，再撒上少许薄荷碎。趁热享用。

准备时间：30 分钟；烹饪时间：20 分钟

冬日沙拉配山羊奶酪慕斯

Winter salad with a goat's cheese mousse

巴黎厨师大会对全世界的烹饪天才一直很有吸引力，并且总能激发与会者的灵感。2011 年我参加大会时，认识了爱沙尼亚厨师皮特·皮赫尔（来自塔林穆胡岛的庄园酒店）并且品尝了他做的一道沙拉——烤根茎类蔬菜配山羊奶酪慕斯。我从这道沙拉中获得灵感，用巴黎当地的食材创造了一道相似的沙拉。

你也可以做些调整，用当季的其他蔬菜来做这道沙拉。比方说，夏天你可以用生的彩椒、黄瓜和番茄来做一道清脆的沙拉。

- 4 根胡萝卜，粗略切碎 • 2 个餐后食用（适合生吃）的小苹果，去核，每个切成 4 等份
- 2 根欧洲防风，粗略切碎 • 2 大勺葵花子油 • 适量盐
- 100 克肥腊肉片或烟熏培根（可选）
- 1 个煮熟的甜菜根，去皮，切成很薄的片 • 2 把沙拉菜

慕斯原料 • 200 克谢尔河畔塞勒奶酪 * • 8 大勺牛奶 • 250 毫升淡奶油

油醋汁原料 • 4 大勺葵花子油或其他植物油 • 2 大勺苹果醋 • 适量盐

将烤箱预热至 200℃。把胡萝卜、苹果和欧洲防风放入大号烤盘，淋上葵花子油并用盐调味。放入烤箱烤 45 分钟，或直至蔬菜和苹果变软并且变成金黄色。

烤蔬菜和苹果的同时，制作慕斯。将奶酪和牛奶搅打均匀。将淡奶油搅打至硬性发泡。将 1/4 的淡奶油加入奶酪和牛奶的混合物中，翻拌均匀，然后拌入剩下的淡奶油。把做好的慕斯装入安装了直径 1 厘米的普通裱花嘴的裱花袋中，放入冰箱冷藏至需要使用时（可以保存一两天）。

制作油醋汁：混合油和苹果醋，用盐调味。

等蔬菜和苹果烤好，立即将肥腊肉片放入烧热的锅中煎至焦脆（如果使用）。

准备上桌时，在上菜盘中随意地挤几小团慕斯。放入烤好的蔬菜和苹果、甜菜根以及沙拉菜，然后在上面撒肥腊肉片（如果使用）。最后，淋上油醋汁。

* 谢尔河畔塞勒奶酪很适合做这道沙拉。它是一种山羊奶酪，表面有一层可食用的烟灰，带有一股微弱的烟熏味。不过，其他任何一种软质山羊奶酪都可以用来做这道沙拉。

准备时间：30 分钟；烹饪时间：45 分钟

韭葱油醋汁沙拉配荷包蛋 及巴约讷火腿

Leeks in vinaigrette with a poached egg and Bayonne ham

意大利有帕尔玛火腿，西班牙有塞拉诺火腿，法国则有巴约讷火腿。后者得名于法国西南部城市巴约讷。它历经几个月的自然风干，其间还要经过抹盐、抹油和抹香料等工序，最后成为味道微甜、口感润泽的美味。巴约讷火腿为传统的韭葱油醋汁沙拉增色不少，这样的传统沙拉现在已经不多见了，除非你碰巧有位法国老祖母。沙拉中的韭葱一般是煮熟或蒸熟的，但我喜欢把它们放在烤锅中煎熟，这样可以带出它们的甜味。

• 8 根嫩韭葱 • 3 大勺橄榄油 • 鸡蛋（每人一个）• 4 片巴约讷火腿 * • 少许醋

油醋汁原料 • 6 大勺葵花子油 • 3 大勺白酒醋
• 2 小勺带有颗粒的芥末酱 • 1 撮白糖 • 适量盐

切掉韭葱的根部，去除坚韧的顶端和外层的叶子。把每根韭葱纵向切成两半，放入冷水中浸泡 10 分钟，然后冲洗掉叶子间的泥土。

加热底部有网格纹的烤锅，直到烤锅冒烟。

在每一半韭葱的切面刷橄榄油，然后把它们切面朝下放在烤锅中煎 5 分钟，或直至韭葱切面出现烙痕。在韭葱表面刷油，然后把它们翻面，再煎 5 分钟。

煎韭葱的同时，将一大锅水烧开。在每个烤盅或杯子中打一个鸡蛋，并分别加入一滴醋。不断搅拌开水，然后快速滑入鸡蛋，一次加入一个鸡蛋。煮 3~4 分钟，直至蛋黄凝固并且略软。

制作油醋汁：混合所有原料。

装盘时，将韭葱分别摆放在每个盘子中，淋上油醋汁 **。将火腿切成条，盖在韭葱上。然后，在每个盘子中放一个荷包蛋，撒上盐调味。

* 可以用塞拉诺火腿或帕尔玛火腿代替。

** 韭葱油醋汁沙拉可以作为热配菜或者第二天的冷盘单独上桌。

准备时间：30 分钟；烹饪时间：20 分钟

荷包蛋配红酒汁

Poached eggs in a red wine sauce

　　用红酒汁搭配简单的荷包蛋十分经典，而且卖相诱人，很适合作为悠闲的早午餐或者午餐的前菜。红酒汁和鸡蛋都可以提前一天准备好。

• 4 个新鲜鸡蛋 * • 少许醋

红酒汁原料 ** • 1 个洋葱，细细切碎 • 1 根芹菜茎，细细切碎 • 1 根胡萝卜，细细切碎
• 30 克肥腊肉片或切成丁的烟熏培根 • 30 克黄油
• 30 克中筋面粉 • 500 毫升温热的小牛肉高汤或牛肉高汤 • 1 大勺番茄酱
• 175 毫升红酒 • 1 个香料包（包含百里香、月桂叶、欧芹茎、胡椒粒）• 适量盐

　　制作红酒汁。用中火煎蔬菜和肥腊肉片，直至它们变成金黄色。用漏勺捞出，然后将黄油放入锅中。中火加热至黄油熔化，撒入面粉，不断搅拌，直至面粉的颜色变得和可口可乐的一样。调至小火，慢慢倒入温热的高汤，用力搅拌。加入番茄酱和红酒，搅拌至番茄酱完全融入其中。将蔬菜和肥腊肉片放回锅中，放入香料包，小火煮 15 分钟。最后，用滤网过滤红酒汁，用盐调味，然后将红酒汁倒入干净的锅中，让它稍微变凉。

　　同时，往一口较深的广口煎锅中加水，使水大约深 8 厘米，烧开。在每个烤盅或杯子中打一个鸡蛋，并分别加入一滴醋。不断搅拌开水，然后快速一个接一个地滑入鸡蛋。调至小火煮 3~4 分钟，或直至蛋黄凝固并且略软。

　　用漏勺从水中捞出鸡蛋放在盘子中，在鸡蛋上和周围倒红酒汁 ***，和热吐司一起享用。

* 成功制作荷包蛋的秘诀是尽量选用新鲜的鸡蛋。如果鸡蛋不太新鲜，煮熟后的蛋白形状不规则、散开如羽毛，而新鲜鸡蛋的蛋白会聚集在蛋黄周围。

** 要想红酒汁味道更刺激，就再加入 10 粒碾碎的黑胡椒。

*** 提前制作的荷包蛋可以放在装有冰水的碗中，红酒汁可以放入密封容器中，然后都放入冰箱冷藏。食用前重新加热红酒汁。加热荷包蛋时，将其放在漏勺中，再放入开水中加热 30 秒。

准备时间：15 分钟；烹饪时间：30 分钟

法式小蛋盅

Eggs in Pots

这道做法超级简单却又非常好吃的家常菜只需要两种主要原料——鸡蛋和鲜奶油。若要做得豪华一些，可以最后在蛋羹上滴几滴松露油或放几片薄薄的松露作为装饰。

我通常会先打开冰箱看看有什么适合用来做这道蛋羹的（几乎任何好吃的都可以用上）。用它搭配硬壳面包或无麸质面包食用的话，还可以尝试搭配蒸熟的芦笋或者生的胡萝卜条、彩椒条或黄瓜条。

传统的法式小蛋盅是用烤盅做容器的，但是我用茶杯来做容器，为这款地道的

• 150 克鲜奶油 * • 适量盐和胡椒粉 • 适量肉豆蔻粉 • 1 把切碎的莳萝 ** • 4 个鸡蛋

装饰原料（可选） • 红鱼子酱 • 小枝莳萝

法式美食增添了一点点英式风情。

将烤箱预热至 180℃。用盐、胡椒粉和肉豆蔻粉给鲜奶油调味。在一个茶杯或烤盅里放满满 1 大勺鲜奶油，然后放少许莳萝碎，接着打入一个鸡蛋，再放 1 大勺鲜奶油，最后撒上盐、胡椒粉和肉豆蔻粉。用同样的方法在另外 3 个茶杯或烤盅里放入原料。

将茶杯或烤盅放入烤盘，往烤盘里倒入温水，使水没过茶杯或烤盅的一半。烤15 分钟，或直至蛋黄凝固到你喜欢的程度。

如果喜欢，你最后还可以分别用 1 小勺红鱼子酱和一两枝莳萝装饰蛋羹。

*鲜奶油可以用白酱或奶酪酱（第 246 页）代替。如果喜欢，你可以在加入鲜奶油后添加切碎的蘑菇、火腿、烟熏鲑鱼或樱桃番茄，或者 1 勺巴斯克炒辣椒（第 22 页）。

** 尝试用欧芹、罗勒或香菜代替莳萝，或者用少许塔巴斯科辣椒酱或其他辣椒酱给这款蛋羹增添辣味。

准备时间：10 分钟；烹饪时间：15 分钟

舒芙蕾煎蛋配巴斯克炒辣椒

Soufflé omelette with a Basque pepper relish

居住在比利牛斯山脉西段的巴斯克人具有强烈的民族特色，这也反映在他们的饮食上。在巴斯克传统菜肴番茄青椒炒蛋中，番茄、青椒和洋葱的颜色分别代表巴斯克旗帜上的红色、绿色和白色。

番茄青椒炒蛋的传统做法是将鸡蛋炒散，而我喜欢更进一步，把鸡蛋做成松软的舒芙蕾煎蛋。

巴斯克炒辣椒原料 • 2 大勺橄榄油 • 1 瓣大蒜，捣成泥

• 1 个洋葱，切成丝 • 1 枝百里香 • 1 个青椒，去籽，切成丝

• ½ 小勺埃斯珀莱特辣椒粉 * 或 1 撮普通红辣椒粉

• 2 个番茄，粗略切碎 • 1 撮白糖 • 适量盐

舒芙蕾煎蛋原料 • 4 个鸡蛋，分离蛋白和蛋黄 • 1 撮盐 • 1 大勺黄油

制作巴斯克炒辣椒 **。中火加热大号不粘锅，放入橄榄油、蒜泥、洋葱丝和百里香。当洋葱丝开始变软，放入青椒丝、辣椒粉和番茄碎。盖上锅盖，加热 10 分钟，或直至青椒丝变软。

同时，将烤箱预热至 180℃ 并开始制作舒芙蕾煎蛋。将蛋白和盐放入一个碗中，搅打至蛋白硬性发泡。在另一个大碗中将蛋黄搅打 1 分钟。将 ½ 的蛋白拌入蛋黄中，均匀后拌入剩下的蛋白。

用中火加热大号不粘煎锅（能够放入烤箱中的），放入黄油熔化，直至黄油发出嘶嘶声。倒入鸡蛋混合物，用锅铲快速抹开，使其盖住锅底。煎 3~4 分钟，然后放入烤箱烤 4 分钟。

上桌前，用抹刀使煎蛋和锅底分离。将一个大盘子倒扣在锅上，然后一起翻转锅和盘子，将煎蛋扣入盘子中。从炒辣椒里取出百里香，加入白糖，尝一下味道，加盐调味。将炒辣椒铺在煎蛋上，马上享用。

* 埃斯珀莱特辣椒是巴斯克地区的特产，因此经常出现在当地的菜肴中。千万不要被它那亮橙色的外表迷惑——它的辣味只略微逊色于红辣椒，比彩椒可辣多了。

** 巴斯克炒辣椒最多可以提前 3 天做好并放在冰箱中冷藏，食用前重新加热即可。它也适合做凉菜，与硬壳面包或一团鲜奶油搭配。

准备时间：10 分钟；烹饪时间：20 分钟

蔬菜蒜泥浓汤

Pistou soup

　　蔬菜浓汤不仅适合在冬天的夜晚享用，也适合在夏日享用。源自普罗旺斯的蔬菜蒜泥浓汤包含许多夏季蔬菜，需要搭配香蒜酱享用。香蒜酱是意大利青酱的远亲，但不像传统的青酱那样含有松子和帕尔玛干酪（香蒜酱在法语中叫"pistou"，这个词来源于普罗旺斯方言，意思是"捣碎"）。如果你家没有用来捣碎香蒜酱原料的杵和臼，用搅拌器将原料搅打成泥也可以。

•3 大勺橄榄油 •2 个洋葱，切成小丁 •4 瓣大蒜，捣成泥 •1 枝百里香

•2 片月桂叶 •4 大勺番茄酱 •2 根胡萝卜，切成小丁 •2 个绿皮南瓜，切成小丁

•200 克四季豆，横向四等分 •400 克罐装白豆（如意大利白豆），冲洗并沥干

•2 升开水 •1 大勺盐 •1 撮白糖 •适量胡椒粉

•100 克干意大利面（像粒粒面那样较小的意大利面）•200 克新鲜或冷冻豌豆

经典香蒜酱原料 •1 束罗勒 •3 瓣大蒜 •3~4 大勺优质特级初榨橄榄油

越南香蒜酱原料 •1 束越南罗勒 •1 根香茅，粗略切碎

•½ 个小的红辣椒，去籽 •5 大勺葵花子油

　　制作香蒜酱。将原料简单地捣成细腻的泥（或者用电动搅拌器搅打成泥）。

　　制作蔬菜浓汤。在大号汤锅里加热橄榄油。加入洋葱丁和蒜泥，小火翻炒，直到洋葱丁变软和变透明。加入百里香、月桂叶、番茄酱、胡萝卜丁和南瓜丁，加热 15~20 分钟，或直至蔬菜有嚼劲（稍微变软但依然有点儿脆）。加入四季豆、白豆和开水，煮至沸腾，然后加入意大利面和豌豆。煮 10 分钟，或直至意大利面熟了但有嚼劲。取出百里香和月桂叶，加入盐、白糖和胡椒粉调味。搭配香蒜酱立即享用。

越南香蒜酱

　　我用这款辛辣的香蒜酱向我喜欢的一家越南餐馆（Le Grain du Riz）致敬。这家位于巴黎的餐馆甚至不能称为餐馆，因为它只有 12 个座位。越南成为法国的殖民地后，越南人接受了法棍，还创造出大受欢迎的点心越南法式面包——填满了蛋黄酱、各种腌渍蔬菜和烤肉的法棍。如今，情况似乎有了变化，居住在法国的越南人正在影响法国餐饮界，廉价而热闹的越南小食堂在法国的大街小巷遍地开花。

准备时间：30 分钟；烹饪时间：35~40 分钟

多菲内奶油焗土豆

Creamy potato bake

　　在许多多菲内奶油焗土豆的配方中，冲不冲洗土豆片是个问题。是否冲洗取决于你使用的是蜡质土豆还是含淀粉多的土豆。后者会让淀粉进入奶油中，让菜肴粘成一团。因此，我更愿意选择用蜡质土豆，因为它们能更好地保持形状（我不喜欢黏糊糊的食物）。我喜欢把焗烤的菜肴做得质地紧实，边缘酥脆，吃起来能发出嘎吱嘎吱的声音，不过你可以按照你烹饪土豆的经验来做。当然，只要你觉得好吃，怎么做都行。

- 1 千克蜡质土豆（比如毛里什·皮尔土豆或夏洛特土豆）• 300 毫升牛奶 • 300 毫升高脂厚奶油
- 1 撮肉豆蔻粉 • 1 小勺第戎芥末酱 • 1 小勺盐 • 1 瓣大蒜
- 1 团软化的黄油 • 切碎的欧芹或莳萝（可选）

　　将土豆削皮，切成 3 毫米厚的片，与牛奶、奶油、肉豆蔻粉、芥末酱和盐一起放入汤锅，小火煮 10 分钟。

　　煮土豆的同时，将烤箱预热至 200℃。将大蒜切成两半，切面朝下涂抹烤盘，然后把黄油也涂抹在烤盘内。

　　将煮好的土豆连同奶油混合物一起倒入烤盘中，抹平。烤 35~40 分钟，或直至表面的奶油变成金黄色并且冒泡。从烤箱中取出。如果你喜欢，可以撒上欧芹碎或莳萝碎。搭配简单的绿叶沙拉，趁热享用。

作为简便的午餐和晚餐，4~6 人份

　　将土豆混合物放入烤箱烘烤前，加入 200 克切碎的烟熏鲑鱼、1 个表皮无蜡的柠檬擦出的皮屑以及 1 把切碎的莳萝。

准备时间：15 分钟；烹饪时间：45~50 分钟

奶酪土豆碗

Cheese and potato nests

　　萨瓦奶酪焗土豆是 20 世纪 80 年代由勒布罗匈奶酪的创始人发明的。为了和法国的其他奶酪竞争，他需要找到一个办法让自己的奶酪更受欢迎，于是发明了这道奶酪焗土豆。

　　勒布罗匈奶酪产自阿尔卑斯山下的上萨瓦省。它由生牛奶制成，气味浓烈，并且有坚果的味道。如果你买不到勒布罗匈奶酪，或者你喜欢更加柔和的味道，可以用布里干酪代替它来做"布里干酪焗土豆"（世界上没有完全相同的两片叶子，不是吗？）。

　　以前，这道菜是隆冬时节当地人的主食。不过，用我的方法改良后，你甚至可以在大热天做这道菜，然后搭配沙拉享用。

> • 1 大勺软化的黄油 • 500 克蜡质土豆（比如毛里什·皮尔土豆或夏洛特土豆）
> • 1 个洋葱，细细切碎 • 1 瓣大蒜，细细切碎 • 1 片月桂叶
> • 200 克肥腊肉片或切成丁的烟熏培根 • 100 毫升干白葡萄酒
> • 250 克片状勒布罗匈奶酪，切成小丁

　　将烤箱预热至 180℃。在麦芬六连模中涂抹软化的黄油。将土豆去皮，用蔬菜刨擦成火柴棍粗细的丝（或者用刀切成丝）。

　　将洋葱碎、蒜末、月桂叶和肥腊肉片放入不粘煎锅，翻炒至肥腊肉片变黄。加入葡萄酒，煮至只剩下 1~2 大勺汤汁。拌入土豆丝后关火，取出月桂叶，拌入勒布罗匈奶酪丁。

　　将土豆丝混合物分别装到麦芬模中，烤 15~20 分钟，或直至奶酪变成金黄色并且冒泡。

　　　　　　准备时间：30 分钟；烹饪时间：20～25 分钟

榛子脆皮烤花椰菜

Cauliflower bake with hazelnut crunch crust

在白酱中额外添加奶酪（法国人称之为奶酪酱）是件再好不过的事情了。在任何一种蔬菜上淋这种酱，都会让不爱吃蔬菜的孩子把盘子舔光。这是我在当保姆的那几年学到的小花招。

这道菜里的花椰菜可以随意换成其他蔬菜，比如西蓝花、切成片的绿皮南瓜（或黄皮南瓜），甚至土豆。

- 1.5 千克花椰菜，削去梗，分成小朵（最后约 1 千克）
- 50 克榛子，细细切碎 • 1 片烤得特别脆的吐司，粗略切碎

奶酪酱原料 • 30 克黄油 • 30 克中筋面粉 • 500 毫升温热的牛奶
- 1/4 个洋葱，去皮 • 1 颗丁香 • 1 片月桂叶 • 白胡椒粉和肉豆蔻粉各 1 撮
- 适量盐 • 200 克格律耶尔奶酪、成熟的孔泰奶酪或帕尔玛干酪，擦碎

将花椰菜放在蒸笼或架在锅里的滤锅中，蒸熟。蒸多长时间取决于你喜欢怎样的口感。我喜欢脆脆的花椰菜，所以蒸 15 分钟左右。

蒸花椰菜的同时，制作奶酪酱。在大号的锅中加入黄油，开中火，使黄油熔化。加入面粉，用力搅打，直到混合物变成顺滑的糊。从炉子上取下锅，冷却 2 分钟。然后慢慢地加入牛奶，不断搅拌。将锅放回炉子上，开中火，加入洋葱、丁香和月桂叶，煮 10 分钟，其间不时搅拌。如果混合物太浓稠，就再拌入一点点牛奶。关火，取出洋葱、丁香和月桂叶，然后加入白胡椒粉、肉豆蔻粉和盐调味。让混合物微微冷却。

将烤箱预热至 180℃。

将奶酪碎拌入热混合物中（留下少许奶酪碎），然后加入花椰菜混合均匀，再将花椰菜混合物舀入几个小模具里 *。撒上榛子、吐司碎和预留的奶酪碎。烤 10 分钟，然后关掉烤箱下方的加热管，用上方的加热管再烤几分钟，使成品表面变成金黄色并且冒泡。

* 或者装入一个大烤盘里烘烤 20 分钟，之后用烤箱上方的加热管烤 5 分钟左右。

准备时间：30 分钟；烹饪时间：35 分钟

奶酪焗通心粉

Mac 'n' cheese

我在巴黎的第一份工作是照顾两个女孩，卡密和洛伊丝。要满足法国人的味蕾已经够让我气馁了，为法国小孩做饭更是困难，但是这道菜每次都让我大获全胜。更棒的是，它的做法超级简单，而且它的原料是你家厨房里随时都能找到的食材。

• 300 克通心粉，200 克格律耶尔奶酪、成熟的孔泰奶酪或帕尔玛干酪 *，擦碎

白酱原料 • 30 克黄油 • 30 克中筋面粉 • 500 毫升温热的牛奶
• ¼ 个洋葱，去皮 • 1 颗丁香 • 1 片月桂叶 • 1 撮肉豆蔻粉 • 适量盐和白胡椒粉

制作白酱。在大号的锅中加入黄油，开中火，使黄油熔化。加入面粉，用力搅打，直到混合物变成顺滑的糊。从炉子上取下锅，冷却 2 分钟。然后慢慢地加入牛奶，不断搅拌。将锅放回炉子上，开中火，加入洋葱、丁香和月桂叶，煮 10 分钟，其间不时搅拌。如果混合物太浓稠，就再拌入一点点牛奶。

煮混合物的同时，将烤箱预热至 180℃，并且按照包装袋上的说明煮通心粉。

混合物煮好后，关火，取出洋葱、丁香和月桂叶，然后加入白胡椒粉、肉豆蔻粉和盐调味（用黑胡椒也很好，如果你不介意白酱中有黑色斑点的话）。让白酱微微冷却。

捞出煮好的通心粉沥干，放入大号烤盘里。

预留 1 把奶酪碎，把剩下的奶酪碎和热白酱混合在一起 **。

把白酱和奶酪的混合物倒在通心粉上，混合，使通心粉均匀地裹上酱汁。撒上预留的奶酪碎，烤 20 分钟，直到表面冒泡并且变成金黄色。

* 使用味道浓郁的奶酪很重要，这样你只用在白酱里加少许奶酪就可以让它有好味道。

** 一定要等白酱变得温热再加奶酪碎，而不要在它滚烫时添加。如果白酱温度太高，奶酪里的脂肪就会分离出来，浮在白酱表面。

准备时间：15 分钟；烹饪时间：35 分钟

蔬菜杂烩

Provençal vegetable stew

　　如何制作蔬菜杂烩是法国晚餐聚会上的敏感话题，因为每个人都说自己的做法是最好的。有些人喜欢单独煮熟每种蔬菜，最后把所有食材混合在一起；有些人喜欢把所有食材扔到锅里一起煮；还有些人喜欢仔细地把各种蔬菜摆放在焗盆里，做出所谓的焗菜。归根结底，怎么做蔬菜杂烩取决于你喜欢柔软、黏糊糊的口感还是有点儿嚼劲的口感。

　　我个人喜欢兼具以上两种口感的蔬菜杂烩。先在炉子上把蔬菜煮到半熟，然后把所有食材都放到烤箱里烘烤，你就能同时获得如奶油般柔软的洋葱和番茄，以及清爽、脆嫩的绿皮南瓜和甜椒——两全其美！

・1 瓣大蒜，捣成泥・1 个洋葱，细细切碎・1 枝百里香，只留下叶子
・3 大勺橄榄油，再准备一点儿用来淋在成品上・1 根茄子，切成薄片 *
・1 个绿皮南瓜，切成薄片 * ・1 个红甜椒，去籽，切成薄片・1 个黄甜椒，去籽，切成薄片
・6 个番茄，每个切成 4 等份・1 撮白糖・适量盐

　　将烤箱预热至 180℃。在锅中放 2 大勺橄榄油，小火煎蒜泥、洋葱碎和百里香叶子。等洋葱碎变软和变透明，加入茄子片，煎至茄子片变软（大约需要 5 分钟）。

　　在大号焗盆里用 1 大勺橄榄油拌匀剩下的蔬菜。加入煎好的洋葱碎和茄子片，混合均匀。

　　用铝箔或烘焙纸盖好焗盆（确保铝箔没有接触蔬菜），放入烤箱烤 1 小时。然后，取下铝箔，稍稍搅拌蔬菜，加入白糖，用盐调味。把焗盆放入烤箱，用上方的加热管烤 3~4 分钟，或直至表层蔬菜的边缘变焦。淋上准备好的橄榄油，趁温热时享用，也可以第二天作为凉菜吃。

＊用蔬菜刨很容易将蔬菜刨成薄片。

准备时间：30 分钟；烹饪时间：1¼ 小时

香酥芥末兔腿

Crispy rabbit with Meaux mustard

是罗马人把芥菜的种子带到高卢的。9 世纪时，法国的众多修道院都靠卖芥末酱赚钱。法国莫城地区的采石场出产适合研磨芥菜籽的磨盘，这让莫城成为法国重要的芥末酱产区，也让莫城芥末酱的知名度仅次于第戎芥末酱。第戎在莫城的南方，当地出产的黄芥末酱味道较辣。

和第戎芥末酱不同的是，传统的莫城芥末酱呈奶油状，其中还有微小的颗粒，因为做芥末酱的芥菜籽只是部分被磨碎。因此，用它和面包屑制作的菜肴会形成非常酥脆的表皮，吃起来会发出嘎吱嘎吱的声音。

- 2 大勺葵花子油或其他植物油 • 4 只兔腿 *
- 满满 4 大勺莫城芥末酱或其他带有颗粒的芥末酱
- 50 克面包屑（新鲜或干的都可以）

将烤箱预热至 200℃。在烤盘里倒油，旋转烤盘，使油覆盖整个烤盘，然后将烤盘放入烤箱加热。

同时，把大量芥末酱涂抹在兔腿上，然后把面包屑均匀地拍在兔腿上。

将兔腿放在预热好的烤盘中烤 30 分钟，或直至兔腿熟透。用尖锐的刀尖刺入兔腿上肉多的部位观察，肉汁应该是清澈的，而不是红色或粉色的。趁热享用。

* 鸡腿也适合用这种方式烹饪。

准备时间：15 分钟；烹饪时间：30 分钟

白葡萄酒烩贻贝

Mussels with white wine

做这道白葡萄酒烩贻贝时，你无须费什么工夫。在炒软的洋葱里加点儿白葡萄酒，再把贻贝倒进去，最后加一团法式酸奶油——多点儿少点儿都没关系。谁说法国菜做起来很麻烦？

• 2 千克贻贝 • 1 个洋葱，切成细丝 • 1 个茴香根，切成薄片 * • 1 大勺黄油
• 1 片月桂叶 • 2 枝新鲜百里香或 1 撮干百里香碎 • 160 毫升干白葡萄酒
• 160 克法式酸奶油 • 1 把欧芹碎

用大量冷水洗净贻贝。拉掉贝壳上的絮状物，再刮掉贝壳上的附着物。如果贝壳破裂了，或者用手指轻轻挤压贝壳而贝壳不合拢，就要丢弃。

用大号汤锅（要大到能够容纳所有的贻贝并且还有多余的空间，以便贻贝张开）小火加热黄油，然后加入洋葱丝、茴香丝、月桂叶和百里香。等洋葱丝和茴香丝变软并且变透明，加入白葡萄酒和洗净的贻贝。开大火，盖上锅盖，煮 3~4 分钟，其间不时摇晃汤锅，以便食材受热均匀。

煮好后，取出月桂叶和百里香（如果使用新鲜的），再挑出没有张口的贻贝。拌入法式酸奶油，撒上少许欧芹碎，配上烤得酥脆的面包，立即享用。

* 我使用了茴香根，因为它那淡淡的茴香味与白葡萄酒和法式酸奶油搭配非常棒，你也可以不用它。

准备时间：15 分钟；烹饪时间：10 分钟

焗烤烟熏鳕鱼

Smoky fish bake

这款简单的烤鱼让吃剩下的熟土豆有了用武之地。你还可以加入其他吃剩的蔬菜，比如绿皮南瓜、胡萝卜、西蓝花和花椰菜等。

- 750 克（8~10 个）土豆，去皮并且已经煮熟（你也可以使用吃剩的烤土豆）
- 200 克黑线鳕鱼，去皮 • 1 把欧芹碎
- 1 把擦碎的成熟奶酪，如格律耶尔奶酪、孔泰奶酪、帕尔玛干酪或切达奶酪

白酱原料 • 30 克黄油 • 30 克中筋面粉 • 500 毫升温热的牛奶
- 1/4 个洋葱，去皮 • 1 颗丁香 • 1 片月桂叶 • 1 撮肉豆蔻粉 • 适量盐和白胡椒粉

制作白酱。在大号的锅中加入黄油，开中火，使黄油熔化。加入面粉，用力搅打，直到混合物变成顺滑的糊。从炉子上取下锅，冷却 2 分钟。然后慢慢地加入牛奶，不断搅拌。将锅放回炉子上，开中火，加入洋葱、丁香和月桂叶，煮 10 分钟，其间不时搅拌。如果混合物太浓稠，就再拌入一点点牛奶。白酱煮好后，关火，取出洋葱、丁香和月桂叶，然后加入白胡椒粉、肉豆蔻粉和盐调味（用黑胡椒也很好，如果你不介意白酱中有黑色斑点的话）。让白酱微微冷却。

将烤箱预热至 180℃。

将土豆切成 5 毫米厚的圆片。将黑线鳕鱼切成小块，然后和大部分的欧芹碎（留下少许用作装饰）一起加入白酱中。混合均匀，加入土豆片。将混合物倒入烤盘中，撒上少许奶酪碎，烘烤 20 分钟，或直至成品呈金黄色。用少许欧芹碎装饰即可享用。

准备时间：15 分钟；烹饪时间：35 分钟

纸包鳟鱼配柠檬、茴香和法式酸奶油

Trout in a parcel with lemon, fennel and crème fraîche

纸包鳟鱼听起来挺奇特，其实做法很简单——只需用纸把原料包起来烘烤。唯一需要注意的是要包裹严实，以免美妙的汤汁流失。

- 300 克小土豆，擦洗干净 • 4 大勺特级初榨橄榄油
- 1 个表皮无蜡的柠檬擦出的皮屑 • 适量盐和胡椒粉
- 2 条淡水鳟鱼，清洗干净，去内脏（保留鱼骨）• 1 个茴香根，切成薄片

配菜 • 满满 4 大勺法式酸奶油 • 柠檬块

蒸土豆，直到土豆基本变软，大约需要 10 分钟。冷却至易于处理，然后切成片。将烤箱预热至 170℃。

混合橄榄油、柠檬皮屑、1 小勺盐和胡椒粉，然后将混合物涂抹在鳟鱼体内。

将鳟鱼分别放在一大张烘焙纸上，在鱼肚子里塞满茴香片。再将土豆片放在鳟鱼周围。然后，将烘焙纸的边缘聚拢并折叠以形成一个密封的包裹，再将末端向下折。你可能需要绳子或铝箔来将包裹密封好。

烘烤 15~20 分钟，具体时间依鱼肉的厚度而定。要想检查鱼肉是否烤熟，可以打开一个纸包，用叉子挑起一块鱼皮观察——烤熟的鱼肉应该是不透明的，而且很容易成片地剥落。食用时，可以用纸包里的汤汁以及法式酸奶油和柠檬块搭配。

准备时间：15 分钟；烹饪时间：25~30 分钟

鞑靼鲭鱼配开胃菜

Mackerel tartare with a rhubarb and cucumber relish

鞑靼鲭鱼非常适合替代法国小酒馆菜单上的经典菜肴——鞑靼鲑鱼。黄瓜为这道菜增添了清脆的口感，生大黄的酸味则能消减鱼肉的油腻感。不要担心吃生大黄不安全，大黄的叶子有毒性，茎却是无毒的。

- 4 块鲭鱼肉，去皮 * • 1 撮盐
- 1 大勺特级初榨橄榄油，再准备一点儿用来淋在成品上

开胃菜原料 • 1 根大黄茎，切成小丁
- 1 根小黄瓜，切成小丁 • 1 大勺鲜榨柠檬汁
- 1 大勺苹果醋 • 1 撮盐 • 1 小勺白糖，或根据口味添加

混合所有的开胃菜原料，静置 10 分钟。

静置的同时，挑出鲭鱼肉中的刺，然后把鱼肉切成很小的丁。把鱼肉丁放入碗中，加盐和橄榄油调味，混合均匀。立即上桌，淋少许橄榄油，搭配开胃菜享用。

* 尽量使用新鲜的鲭鱼肉来制作这道菜。我一般会买整条鲭鱼，这样就能够确定它是否新鲜了。下面是判断鱼是否新鲜的几个标准：
- 鱼眼明亮、有光泽；
- 鱼皮有光泽；
- 没有鱼腥味；
- 从下往上看，鱼鳃应该是鲜红色的；若鱼鳃是暗红色和无光泽的，则表明鱼不新鲜。

准备时间：20 分钟

鞑靼牛肉

Steak tartare

坦率地说，做鞑靼牛肉非常简单：1 块优质牛肉，切碎或剁碎，加上一些配料——搞定！

有些小酒馆的鞑靼牛肉是调过味的，也就是配料和肉已经混合均匀了。我喜欢更简单的做法，那就是把配料放在一旁。这样，每个人都可以根据自己的口味添加配料。

• 800 克非常新鲜的牛肉，手工剁碎或细细切碎 • 4 个新鲜蛋黄 * • 适量胡椒粉（可选）

配料 • 4 大勺酸豆，细细切碎 • 2 个冬葱，细细切碎
• 8 块酸黄瓜，细细切碎 • 1/2 束欧芹，细细切碎 • 第戎芥末酱
• 塔巴斯科辣椒酱 • 伍斯特辣酱油

把牛肉末分装在 4 个盘子中，用手整成小馅饼的样子。在每份牛肉上放 1 个蛋黄，如果喜欢，可以撒上胡椒粉。然后把切碎的酸豆、冬葱、酸黄瓜和欧芹分别放在小碗中，把芥末酱、塔巴斯科辣椒酱和伍斯特辣酱油摆放在餐桌上供大家自己添加。搭配酥脆的面包享用。

* 经典的鞑靼牛肉是搭配生蛋黄食用的，但我更喜欢不加蛋黄，因为我觉得加了蛋黄的牛肉太腻了。

和风版鞑靼牛肉

Japanese twist

请尝试用以下日式配料代替上面的经典配料。

• 1 大勺白糖 • 5 大勺日本白米醋 • 1 根小黄瓜，切成非常小的丁
• 2 段白萝卜，大约 20 厘米长，切成非常小的丁

把白糖溶解在日本白米醋中。拌入黄瓜丁和白萝卜丁，腌 30 分钟，其间不时搅拌。搭配日式腌生姜和山葵糊享用。

准备时间：10～15 分钟；腌制时间：30 分钟（日式配料）

鸡肉丸子汤

Chicken dumpling soup

汤能够抚慰你的心灵，也能在你生病的时候抚慰你的肉体。我的外婆是奥地利人，每当我觉得有点儿不舒服的时候，她都会做我爱吃的鸡肉丸子汤。传统上丸子要搭配味道浓郁的酱汁食用，但我觉得它们与这款清淡的汤搭配也挺不错的。

- 1.5 升鸡肉高汤 • 2 根较粗的胡萝卜，粗略切碎
- 5 个洋菇，切成薄片 • 适量盐和胡椒粉（可选）*
- ½ 束欧芹，叶子粗略切碎

丸子原料 • 200 克生鸡胸肉 • 100 克白面包，去掉面包皮 • 100 毫升稀奶油
- 1 个鸡蛋加 1 个蛋黄 • 1 小勺盐 • 1 撮胡椒粉 • 1 撮肉豆蔻粉

把高汤和胡萝卜碎倒入大号的锅中，煮沸后再煮 10 分钟。

同时，把所有的丸子原料放入电动搅拌器中，搅打成细腻的糊状肉馅。用 2 把大勺子把肉馅整成丸子的形状，可以做 20~25 个丸子（要想做小点儿的丸子，用 2 把小勺子）。将丸子放入煮沸的高汤中，煮 5 分钟（小丸子煮 3 分钟），最后剩 1 分钟时加入洋菇片。煮熟的丸子会浮在高汤表面。起锅后，撒上一些粗略切碎的欧芹，立即享用。

* 用不用取决于高汤的味道，你有可能不必加盐和胡椒粉。上桌前可以尝一下味道再调味。

传统的焗烤丸子

用开水煮丸子，直到丸子浮起，然后捞出、沥干并放入烤盘。在丸子上撒奶酪碎或白酱（第 246 页），用烤箱上方的加热管烘烤，直到成品表面冒泡并且变成金黄色。

准备时间：30 分钟；烹饪时间：20 分钟

春日羊肉锅

Spring lamb stew

对讲究时尚的巴黎人来说，春天的到来意味着脱掉冬装，换上春装。厨房里的炖汤也是如此。忘掉冬天常吃的勃艮第红酒炖牛肉吧，它已经过季了！如今，你的厨房里应该有一锅炖得咕咕作响的羊肉和春季时蔬——春日羊肉锅。

1 千克带骨羊颈肉，切成 6 块•2 瓣大蒜，捣成泥•1 个洋葱，细细切碎
•1 大勺橄榄油•1 片月桂叶•2 枝百里香•4 根胡萝卜，切成块
•100 克新鲜或冷冻的豌豆•100 克四季豆，切成段•适量盐和胡椒粉

将烤箱预热至 160℃。在耐热砂锅（或炖锅）中加橄榄油，将羊肉、蒜泥和洋葱碎煎至颜色变深。加入月桂叶、百里香和胡萝卜块，再加入足够的水，水至少要超出肉几厘米。煮至即将沸腾，撇去表面的浮沫。浮沫全部去除干净后，盖上锅盖，把锅放入烤箱中。烤 1~2 小时，或直到羊肉变软。

上桌前 10 分钟，用一口大号的锅煮沸一锅加了盐的水，加入豌豆和四季豆。煮 5 分钟，或直至它们变软，捞出沥干。

从烤箱中取出砂锅（或炖锅），取出锅中的月桂叶和百里香。加入豌豆和四季豆，并用盐和胡椒粉调味，立即享用。

英式版本
享用时用薄荷酱搭配。

准备时间：30 分钟；烹饪时间：1½~2 小时

三色牧羊人派

Three-coloured 'shepherd's pie'

以前我一直以为帕尔芒捷烤土豆泥是英国牧羊人派的法国版本，但后来我发现它的配料并不是肉糜，而是炖菜或烤肉菜中吃剩的肉。安托万-奥古斯丁·帕尔芒捷是 18 世纪的法国药剂师，倡导食用价格低廉的土豆。此前，土豆一直用作饲料，是帕尔芒捷把土豆送入了法国人的食谱。他在上流社会的宴会和晚餐中推广土豆，宣称它是一种有营养的蔬菜。为了向这位让土豆流行起来的先生致敬，表面铺有土豆泥的帕尔芒捷烤土豆泥以他的名字命名。这道菜是它的彩色版。

• 3 个冬葱，切成薄片 • 2 瓣大蒜，捣成泥 • 1 根胡萝卜，切成小丁
• 1 片月桂叶 • 1 枝百里香（只留下叶子）• 1 大勺橄榄油 • 2 大勺番茄酱
• 300 克烤肉或炖肉 *，切碎 • 100 毫升蔬菜高汤，如有需要，再多准备一些
• 1 撮白糖 • 适量盐和胡椒粉

顶部装饰原料 • 500 克南瓜，去皮，切成块 • 适量橄榄油
• 500 克含淀粉多的土豆（如德西蕾土豆或爱德华王土豆）• 适量盐 • ½ 束欧芹
• 8 大勺牛奶 • 1 大勺黄油 • 适量肉豆蔻粉 • 适量白胡椒粉

将烤箱预热至 200℃。把南瓜块放入大号烤盘中，淋上橄榄油并晃动烤盘。烤 20 分钟，或直至南瓜块变软。放入电动搅拌器中打成细腻的泥，然后加肉豆蔻粉和盐调味。接着，把调好味的南瓜泥装入裱花袋或厚实的食品袋中。

在大号炖锅中放适量加了盐的水，煮沸，加入土豆，煮 15~20 分钟，或直至土豆变软。在电动搅拌器中放入欧芹（包括茎）和 3 大勺橄榄油，搅打至细腻。土豆煮好后，捞出沥干，加入牛奶和黄油并捣成泥。用肉豆蔻粉、盐和白胡椒粉调味。然后将土豆泥平均分成两份，一份中加入欧芹糊并混合均匀。将两份土豆泥分别舀入裱花袋或厚实的食品袋中。

在锅中用橄榄油煎冬葱片、蒜泥、胡萝卜丁、月桂叶和百里香，直到冬葱片变软和变透明。加入番茄酱、肉碎、高汤、白糖、盐和胡椒粉，煮 5 分钟。

装盘时，将肉碎混合物倒入大号焗盆中，在表面挤上几道不同颜色的顶部装饰。（如果你使用的是食品袋，就把每个食品袋的一角剪去，再从这个开口挤出南瓜泥或土豆泥。）烘烤 30 分钟，或直至成品表面冒泡和变成金黄色。趁热享用。

* 你可以用吃剩的蔬菜牛肉浓汤（第 181 页）中的牛肉。

准备时间：45 分钟；烹饪时间：约 1 小时

香辣肉丸配阿尔萨斯意大利面

Meatballs in spicy sauce with Alsatian pasta

当你想到法国美食时，一定不会想到意大利面，但是，阿尔萨斯（与德国接壤的法国地区）就是以鸡蛋意大利面闻名的。大多数意大利面是用硬质小麦粉和水制作的，而阿尔萨斯意大利面是用硬质小麦粉和新鲜鸡蛋制作的。

• 400 克意大利面，最好是阿尔萨斯鸡蛋意大利面 • 250 克灌香肠用的猪肉碎（或去除了肠衣的香肠）
• 250 克绞碎的牛肉 • 1 大勺橄榄油 • 切碎的欧芹，用作装饰

香辣酱原料 * • 500 毫升温热的小牛肉高汤或牛肉高汤 • 30 克黄油 • 30 克中筋面粉
• 30 克肥腊肉片或切成丁的烟熏培根 • 1 个洋葱，细细切碎 • 1 根胡萝卜，细细切碎
• 1 根西芹，细细切碎 • 1 大勺番茄酱 • 175 毫升红葡萄酒
• 1 个香料包（包含百里香、月桂叶、欧芹茎、胡椒粒）
• 2 大勺酸黄瓜，细细切碎 • 2 大勺酸豆，细细切碎

制作香辣酱。用中火将蔬菜和肥腊肉片煎至金黄。用漏勺盛出，然后在锅中加入黄油，用中火熔化，撒入面粉，不断搅拌，直到面粉糊变成可口可乐的颜色。转小火，慢慢倒入温热的高汤，用力搅拌。加入番茄酱和红葡萄酒，搅拌至番茄酱溶于汤中。把蔬菜和肥腊肉片放回锅中，加入香料包，小火煮 15 分钟。用滤网将香辣酱过滤后，加入切碎的酸黄瓜和酸豆。尝一下味道，有必要的话加盐调味，然后放到一旁备用 **。

制作肉丸。混合牛肉碎和猪肉碎，整成比高尔夫球略小的肉丸。在大号不粘煎锅中加热橄榄油，放入肉丸，煎大约 5 分钟，或直至肉丸熟透。倒入香辣酱没过肉丸，混合均匀，充分加热。

按照包装袋上的说明煮意大利面。捞出、沥干，与肉丸和香辣酱一起盛盘，撒上少许切碎的欧芹。

* 你可以用奶油酱代替，比如在白酱（第 246 页）中分别加入 2 大勺细细切碎的酸黄瓜和酸豆。它和香辣酱一样，与肉丸搭配很棒。

** 香辣酱（没加酸黄瓜和酸豆的）放入密封容器并冷藏，可以保存几天。也可以冷冻保存。

准备时间：30 分钟；烹饪时间：30 分钟

香肠土豆泥配魔鬼汁

Bangers 'n' mash with devil's gravy

　　我常去的那家肉铺的老板做的香肠非常棒。用什么配香肠才完美？当然是土豆泥和酱汁啦。在这道菜中，我用的是魔鬼汁，一种用白葡萄酒、冬葱和卡宴辣椒粉制作的西班牙酱。

• 1 团黄油 • 4 个冬葱，切成薄片 • 8 根香肠

魔鬼汁原料 • 1 个洋葱，细细切碎 • 1 根胡萝卜，细细切碎
• 1 根西芹茎，细细切碎 • 30 克肥腊肉片或切成丁的烟熏培根 • 30 克黄油
• 30 克中筋面粉 • 500 毫升温热的小牛肉高汤或牛肉高汤 • 1 大勺番茄酱
• 175 毫升干白葡萄酒 • 1 个香料包（包含百里香、月桂叶、欧芹茎、胡椒粒）
• 1 撮卡宴辣椒粉

土豆泥原料 • 700 克含淀粉多的土豆（如马里斯•皮佩土豆或爱德华王土豆），去皮
• 2 团黄油 • 100～200 毫升温热的牛奶 • 适量肉豆蔻粉 • 适量盐

　　在大号炖锅中放适量加了盐的水，煮沸，加入土豆煮 15～20 分钟，直至土豆变软。

　　制作魔鬼汁。用中火将蔬菜和肥腊肉片煎至金黄。盛出，让尽可能多的油留在锅中，然后加入黄油，开中火使其熔化，撒入面粉，不断搅拌，直到面粉糊变成可口可乐的颜色。转小火，慢慢倒入温热的高汤，用力搅拌。加入番茄酱和葡萄酒，搅拌至番茄酱溶于汤中。把蔬菜和肥腊肉片放回锅中，加入香料包，小火煮 15 分钟。用滤网将魔鬼汁过滤后，加入卡宴辣椒粉。尝一下味道，有必要的话加盐调味，然后放到一旁备用 *。

　　同时，在大号不粘煎锅中加入 1 团黄油，待黄油熔化后加入冬葱片，煎至变软，然后倒入魔鬼汁中。在同一口锅中将香肠煎 6~8 分钟，或直至香肠熟透。不时将香肠翻面，这样它们会均匀地变色。

　　捞出煮熟的土豆沥干，然后放回锅中加热，不时搅拌，直到土豆变干。一旦土豆不再冒出水蒸气，就用薯泥加工器将土豆压成泥。在土豆泥中混入 2 团黄油，加入足量的温牛奶，搅拌成顺滑细腻的糊。用肉豆蔻粉和少量盐调味。

　　上桌时，再次加热魔鬼汁，然后倒在香肠和土豆泥上。

* 这款酱汁放入密封容器并冷藏，可以保存几天。也可以冷冻保存。

准备时间：30 分钟；烹饪时间：45～50 分钟

LA POMME

LE SAC À DOS

LES OEUFS

LE CAHIER

LA TABLE

LE CHOCOLAT

LE FOUR

LA LIMONADE

LA CASSEROLE

LES CRAYONS

LA FRAMBOISE

L'ASSIETTE

LE SANDWICH

LE GÂTEAU

LE CITRON

法式茶点

Le goûter

LES OEUF

LA TABLE

LE SAC À DO

LE CAHIER

LA CASSEROLE

LA POMME

LE FOUR

LE ROBINET

LE SANDWIC

LE CHOCOLAT

L'ASSIETTE

LE CITRON

LA FRAMBOISE

LA LIMONADE

LES CRAYONS

在法国，在三餐间吃点心真不能算是合乎传统的事。就连法国的食品广告也打出这样的标语："要想身材好，请远离点心。"然而，法式下午茶是个例外。它和英式下午茶很相似，但没那么正式，也没有奶茶和司康。下午四点左右，一款简单的甜味或咸味点心，就能让法国人精神焕发。

我在巴黎的第一份工作教会我如何在这座光之城生活。那时我为一个苏格兰裔法国人的家庭工作，负责照顾两个小女孩，在那段时间里我深有感触。他们非常乐于向我展示法国人的处世方式，我也快速了解到下午茶是法国人日常生活的基本组成部分，对小孩来说尤其如此。每到下午放学的时候，母亲、祖母或保姆会拿着一块点心在学校大门接孩子，或者在路过当地面包房的时候给孩子买一块。

然而，下午茶点心不光吸引孩子，大人也需要它来提神！我喜欢这一章里的每一款点心，但最喜欢的是简单的巧克力面包——不是早餐常吃的层次丰富的牛角包样式的，而仅仅是一片面包（最好是新鲜、有硬壳的法棍），上面涂抹了优质巧克力（黑巧克力或牛奶巧克力都可以，自己喜欢就好）。这种吃法是我在当保姆的时候偶然学到的，可能不太健康，但下午茶时间本来就是人们稍稍放纵自己的时候。在这方面，法国人可是大师……

热三明治麦芬

Cheese, ham and egg sandwich muffins

法式热三明治（法语名"Croque Monsieur"，直译为"咀嚼先生"）本质上是一种烤过的奶酪火腿三明治。在上面放一个煎蛋，它就变成热三明治麦芬（法语名"Croque Madame"，直译为"咀嚼太太"，因为三明治上的煎蛋就像女士的帽子）。烤过的奶酪火腿三明治和热三明治的区别在于，后者中的奶酪是以滑腻的奶酪酱的形式存在的。这样一来，区别确实挺大！

我的这款三明治麦芬用面包做麦芬杯来容纳可口的奶酪酱和鸡蛋。这样的三明治麦芬很适合做点心或者与沙拉和薯条搭配，所以法国的咖啡馆里通常都有它的踪影。

- 6 片较大的白面包，去掉表皮 • 3 大勺黄油，熔化
- 75 克火腿，切成丁或细条 • 6 个小号鸡蛋

奶酪酱原料 • 1 大勺黄油 • 1 大勺中筋面粉
- 200 毫升温热的牛奶 • ½ 小勺第戎芥末酱 • ½ 小勺肉豆蔻粉
- 30 克格律耶尔奶酪、成熟的孔泰奶酪（或者其他硬质奶酪，如帕尔玛干酪或成熟的切达奶酪），擦碎 • 适量盐和胡椒粉

制作奶酪酱。在锅中加入黄油，开中火使黄油熔化。加入面粉，用力搅打，直到混合物变成顺滑的糊。从炉子上取下锅，冷却 2 分钟。然后慢慢地加入牛奶，不断搅拌。将锅放回炉子上，开中火，加入芥末酱和肉豆蔻粉，煮 10 分钟，其间不时搅拌，以免混合物粘在锅底。如果混合物像浓番茄酱一样浓稠，就从炉子上取下锅。加入奶酪碎（留一点儿用作装饰），尝一下味道后加盐和胡椒粉调味。如果奶酪酱还是太浓稠，就再加点儿牛奶。如果其中有小疙瘩，就用滤网过滤一下。

准备装盘。将烤箱预热至 180℃。用擀面杖把面包片擀平，然后在每一面都刷上熔化的黄油。在麦芬六连模中分别铺上面包片，用力向模具底部按压，使面包片像小杯子一样。把火腿丁分装在"杯子"中，再分别打入一个鸡蛋（如果鸡蛋太大，就在放入"杯子"前舀出少许蛋白）。在每个鸡蛋上放 2 大勺奶酪酱，然后撒上少许奶酪碎和胡椒粉。烘烤 15~20 分钟，具体烘焙时间根据你喜欢的鸡蛋质地而定。出炉后立即享用。

准备时间：20 分钟；烹饪时间：30~35 分钟

可丽饼和荞麦薄饼

Creps and buckwheat pancakes

美国有汉堡包和热狗，英国有三明治，法国呢？法国有可丽饼和荞麦薄饼。它们源自布列塔尼，被看作法国的标志性点心，巴黎的大街小巷都有售卖热腾腾的可丽饼和荞麦薄饼的路边摊。你可以点一份只撒了白糖的可丽饼，或者在菜单上选择可丽饼馅料，比如巧克力抹酱或法式栗子酱（加了糖的栗子酱），也可以点一份包裹了煎蛋、奶酪和火腿的荞麦薄饼。如果你打算按照传统的方式享用它们，就要配上一杯布列塔尼苹果酒了。要想了解更多的馅料和顶部装饰的做法，参看第 64 页。

可丽饼原料·200 克中筋面粉·1 撮白糖·1 撮盐
·2 个鸡蛋·大约 600 毫升牛奶·适量熔化的黄油，用来煎饼

荞麦薄饼原料·200 克荞麦粉·1 撮盐
·大约 600 毫升水·适量熔化的黄油，用来煎饼

制作可丽饼。在碗中混合面粉、白糖和盐。在混合物中央挖一个坑，打入鸡蛋。慢慢把原料混合在一起，加入足够多的牛奶，使面糊像高脂厚奶油一样浓稠。不要过度搅拌，否则可丽饼会变得十分有韧劲。冷藏至少 1 小时，或一整夜。

加热直径 15~18 厘米的可丽饼锅，刷一些熔化的黄油。搅拌面糊，如果有必要，再加一些牛奶，以使面糊像高脂厚奶油一样浓稠。往锅中倒 50~60 毫升面糊，快速旋转锅，令面糊覆盖整个锅底。煎 1 分钟，用抹刀铲松可丽饼边缘，然后将可丽饼翻面，再煎 1 分钟。将煎好的可丽饼滑到盘子中 *，然后重复以上步骤，总共制作 10~12 个。每煎完一个 **，都要在锅中刷黄油。

制作荞麦薄饼。在碗中混合荞麦粉和盐。在混合物中央挖一个坑，加入水，使面糊像高脂厚奶油一样浓稠就够了。不要过度搅拌，否则荞麦薄饼会变得十分有韧劲。冷藏至少 1 小时，或一整夜。

煎薄饼前，再次搅拌面糊，如有必要，再加一些水。按照煎可丽饼的方法煎荞麦薄饼。

* 不要担心做不好——第一个饼总会有点儿不完美。

** 要给煎好的可丽饼或荞麦薄饼保温：把它们放在烤盘中，松松地盖上铝箔，放入预热至 120℃的烤箱中。

准备时间：10 分钟；静置时间：1 小时至一整夜；烹饪时间：30 分钟

可丽饼和荞麦薄饼的馅料和顶部装饰

说实话，你可以用很多东西来与可丽饼或荞麦薄饼搭配，只要它不含太多水分。下面是一些建议。

甜味的：白糖、柠檬、巧克力抹酱、果酱、拌了法式酸奶油或淡奶油的新鲜水果（尤其是浆果）、焦糖酱、冰激凌。

咸味的：奶酪、火腿或其他熟肉制品、吃剩的烤肉、烟熏鲑鱼、沙拉、番茄、煎蛋、烤蔬菜、蘑菇。

苏塞特可丽饼

Crepes with a caramel Suzette sauce

1 个表皮无蜡的橙子擦出的皮屑 • 2 个橙子榨出的汁（大约 150 毫升）
• 75 毫升橙子利口酒 • 100 克白糖 • 100 克软化的黄油，切成丁 • 10～12 个可丽饼（第 63 页）

将橙子皮屑、橙汁、利口酒和白糖一起放入锅中，加热 15 分钟，或直到混合物变成浓稠的金色糖浆 *。一次拌入一块黄油丁，小心，不要让热焦糖酱溅出来。

将温热的可丽饼对折两次，放在餐盘上。将焦糖酱倒在可丽饼上，立即享用。

* 如果你喜欢传统的苏塞特可丽饼，就将橙子皮屑、橙汁、利口酒和白糖加热至沸腾（不要让混合物焦化），然后关火，拌入黄油。

准备时间：5 分钟；烹饪时间：15 分钟

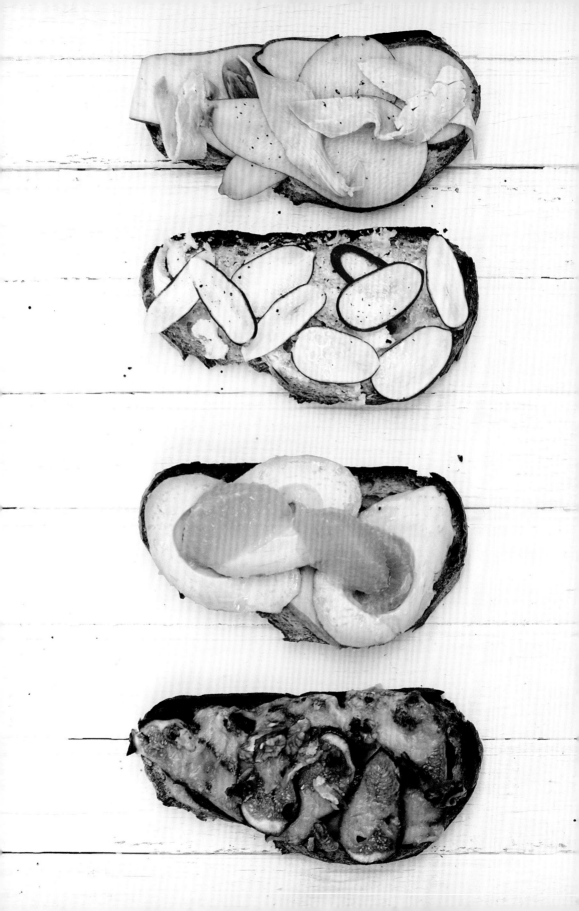

甜味或咸味的开放式三明治

Sweet and savoury open-faced sandwiches

开放式三明治在法语中叫"tartine"，源自动词"tartiner"，这个动词的意思是"在面包上涂抹"。在一片面包或吐司上放装饰配料，做出的就是开放式三明治。无论是在面包片上涂抹经典的黄油和果酱做早餐，或者放上孩子最喜欢的巧克力块作为放学后的点心，开放式三明治上的装饰配料都应该简单，而面包片和装饰配料一样重要，甚至更重要。因此，在面包房选择合适的面包显得至关重要。当然，你可以选择经典的法棍，但是其他许多面包，比如酸面团面包、全麦面包、黑麦面包，以及掺入了坚果、无花果和其他水果干的面包也很不错。吃开放式三明治，就是享受一片优质面包或吐司与一两种装饰配料带来的简单的快乐。

每种装饰配料都要足够做一份开放式三明治。

咸味装饰配料

Savoury toppings

烤火腿和梨

在面包片或吐司上刷一点点特级初榨橄榄油。把半个梨切成薄片，在面包片或吐司上放梨片和切成条的烤火腿。

小萝卜和含盐黄油

在面包片或吐司上涂抹一些含盐黄油（或者用 1 大勺无盐黄油和一些粗海盐代替）。把几个小萝卜切成薄片，然后放在面包片或吐司上。

鳄梨和葡萄柚

把半个鳄梨切成片，再把 1/4 个葡萄柚的果肉挑出来，然后把它们放在面包片或吐司上。最后，在上面撒一点儿盐或淋一点儿橄榄油。

山羊奶酪、无花果和核桃

把一个无花果切成薄片并放在面包片或吐司上，然后磨碎一些山羊奶酪撒在上面，再放几块核桃。如果你喜欢，还可以把三明治放在烤箱中，用上方的加热管烤 1~2 分钟。

甜味装饰配料
Sweet toppings

焦糖苹果

在面包片或吐司上涂抹一些含盐黄油。把半个小苹果切成薄片放在面包片或吐司上，撒上白糖。把三明治放在烤箱中，用上方的加热管烤 1~2 分钟，或者用烹饪用喷枪烤，直到白糖焦化。使用其他水果，比如香蕉、李子或梨，效果一样好。

草莓、法式酸奶油和薄荷

在面包片或吐司上涂抹厚厚的一层法式酸奶油。然后在上面放切成片的草莓和几片薄荷叶，再撒少许白糖，最后再涂抹一点儿法式酸奶油。

巧克力和橄榄油

把巧克力棒放在冰箱里冷冻 10 分钟，然后磨出一大把巧克力碎。在面包片或吐司上刷一些特级初榨橄榄油，放上巧克力碎。把三明治放在烤箱中，用上方的加热管烤几分钟，使巧克力熔化。

桃子和布里干酪

把半个桃子切成薄片。在面包片或吐司上放几片桃子和一些布里干酪。

糖粒泡芙

Sugar puffs

轻盈、中空和表面覆盖了糖粒（不会熔化的粗糖）的糖粒泡芙不如巧克力泡芙和闪电泡芙有名，但它们的面糊很相似。糖粒泡芙在法语中叫"chouquette"，这个词来源于"chou"（意为"卷心菜和宝贝"），而法国人常常用"mon petit chou"（"我的小宝贝"）这种亲昵的叫法来称呼他们喜爱的泡芙。英语里的"卷心菜"可没有这个意思，对吧？

所有的原料都要称量和准备好。

• 125 毫升水 • 125 毫升牛奶 • 100 克黄油，切成丁 • 1 小勺盐
• 1 小勺白糖 • 170 克高筋面粉 * • 4 个鸡蛋 • 适量糖粉，用于筛在成品表面
• 100 克糖粒（也叫"珍珠糖"或"冰雹糖"）**

将烤箱预热至 180℃。把水和牛奶倒入锅中，加入黄油、盐和白糖，开大火，使黄油和白糖化开。调至小火，加入所有的面粉，用力搅打。这时，混合物就像粗略碾碎的土豆。继续搅打，直到面团成为光滑的球形，可以与锅的内壁分离。

从炉子上取下锅，继续搅打，直到面团变凉、便于处理。混入鸡蛋，一次一个——面团会变为含有很多小疙瘩的面糊，但是继续搅打的话，面糊会变得顺滑。等鸡蛋全部加入、面糊变顺滑后，将面糊装入安装了直径为 5 毫米的裱花嘴的裱花袋中。在几个烤盘中铺烘焙纸，并在每张烘焙纸 4 个角的下方涂抹少许面糊，将烘焙纸粘在烤盘上。

挤面糊时，使裱花嘴与烘焙纸成直角并且距离烤盘 5 毫米。使裱花嘴保持笔直，挤出核桃大小的球形，然后快速向旁边摆动裱花嘴，以免面糊顶端形成"小尾巴"。重复以上步骤，挤出 20~30 个泡芙面糊，使它们相距 2 厘米。如果面糊顶端太尖，就用手指蘸一些水，轻轻地将顶端拍平。如果不这样做，"小尾巴"在烘烤时会被烤焦。

在泡芙面糊上筛糖粉，一分钟后撒糖粒。再筛一次糖粉，然后放入烤箱烘烤 20 分钟，或直至泡芙变成金黄色并且变得酥脆。

糖粒泡芙最好趁热享用，但也可以放入密封容器中保存数天。要想存放过的泡芙变酥脆，就把它们放入烤箱，用 150℃的温度烤 5 分钟。

* 制作巧克力泡芙面糊的话，用 20 克无糖可可粉替代 20 克面粉。

** 如果没有糖粒，可以用细细切碎的坚果混合少量原糖或巧克力豆来代替。

准备时间：30 分钟；烹饪时间：30 分钟

奶酪泡芙

Cheese puffs

这款泡芙是咸味版的糖粒泡芙（第 70 页）。传统上它们的表面会撒满味道浓郁的奶酪，比如成熟的孔泰奶酪，但我也喜欢撒上黑芝麻、芳香植物或香料。这些让人胃口大开的咸泡芙真的让人吃了还想吃。所有的原料都要称量和准备好。

- 125 毫升水 • 125 毫升牛奶 • 100 克黄油，切成丁 • 1 小勺盐
- 1 小勺白糖 • 1 撮辣椒粉 • 170 克高筋面粉
- 75 克成熟硬质奶酪或半成熟奶酪（如格律耶尔奶酪、孔泰奶酪、帕尔玛干酪或切达奶酪），擦碎
- 2 大勺细细切碎的芳香植物，如欧芹、香菜、罗勒或香葱（可选）• 4 个鸡蛋

将烤箱预热至 180℃。把水和牛奶倒入锅中，加入黄油、盐、白糖和辣椒粉，开大火，使黄油和白糖化开。调至小火，加入所有的面粉，用力搅打。这时，混合物就像粗略碾碎的土豆。加入 50 克奶酪碎，再加入切碎的芳香植物（如果使用），继续搅打，直到面糊变得顺滑，可以与锅的内壁分离。

从炉子上取下锅，继续搅打，直到面糊变凉、便于处理。混入鸡蛋，一次一个——面糊中会形成很多小块，但是继续搅打的话，面糊会变得顺滑。等鸡蛋全部加入、面糊变顺滑后，将面糊装入安装了直径为 5 毫米的裱花嘴的裱花袋中。在几个烤盘中铺烘焙纸，并在每张烘焙纸 4 个角的下方涂抹少许面糊，将烘焙纸粘在烤盘上。

挤面糊时，使裱花嘴与烘焙纸成直角并且距离烤盘 5 毫米。使裱花嘴保持笔直，挤出核桃大小的球形，然后快速向旁边摆动裱花嘴，以免面糊顶端形成"小尾巴"。重复以上步骤，挤出 20~30 个泡芙面糊，使它们相距 2 厘米。如果面糊的顶端太尖，就用手指蘸一些水，轻轻地将顶端拍平。如果不这样做，"小尾巴"在烘烤时会被烤焦。在面糊上撒剩下的奶酪碎 *，然后把面糊放入烤箱烤 20 分钟，或直至泡芙变成金黄色并且变得酥脆。

奶酪泡芙最好趁热享用，但也可以放入密封容器中保存数天。要想存放过的泡芙变酥脆，就把它们放入烤箱，用 150℃ 的温度烤 5 分钟。

* 你可以用少许罂粟籽（欧美常见调味品，我国对其种植、销售和流通有严格限制，具体请参见相关法律。——编者注）、葛缕子籽或芝麻代替奶酪碎，或者同时用奶酪碎和种子装饰泡芙。

准备时间：30 分钟；烹饪时间：30 分钟

柠檬凝乳玛德琳

Madeleines with lemon curd

这个配方是我的朋友弗朗姬·昂斯沃思给我的，她和我一样，都在巴黎的法国蓝带国际学院学习糕点制作。弗朗姬曾说过："这款柠檬凝乳的创作灵感来自墨尔本的积云餐厅（Cumulus Inc.），但它的基础配方还是来自蓝带国际学院，当时我和瑞秋学会了制作这款茶点。玛德琳面糊可以提前做好，然后在下午茶时间烘焙——玛德琳就应该趁热吃。"

- 3 个鸡蛋 • 130 克白糖 • 200 克中筋面粉
- 10 克泡打粉 • 1 个表皮无蜡的柠檬擦出的皮屑 • 20 克蜂蜜
- 60 毫升牛奶 • 200 克黄油，熔化后冷却 • 一小篮覆盆子 • 适量糖粉，用于筛在成品表面

柠檬凝乳原料 • 1 个表皮无蜡的柠檬擦出的皮屑和榨出的汁
- 1 撮盐 • 40 克白糖 • 45 克黄油 • 2 个蛋黄

搅打鸡蛋和白糖，直至混合物变白和起泡。将面粉和泡打粉放在另外一个碗中，加入柠檬皮屑。混合蜂蜜、牛奶和冷却的黄油，然后加入鸡蛋混合物中。分两次往鸡蛋混合物中加入面粉混合物，翻拌均匀。将面糊盖好，放入冰箱静置数小时或一整夜。

制作柠檬凝乳。将柠檬皮屑、柠檬汁、盐、白糖和黄油放入小号炖锅中，小火加热，直到白糖和黄油化开。把锅从炉子上拿下来。在一个碗中打散蛋黄，然后倒入炖锅中，快速搅拌。把炖锅放回炉子上，开小火，不停搅拌，直到凝乳开始变浓稠。不要停止搅拌，否则蛋黄容易结块（如果凝乳沸腾，就关火）。一旦凝乳变浓稠并开始冒泡，就把锅从炉子上拿下来，用滤网将凝乳过滤到一个碗中。将保鲜膜直接盖在凝乳上（要接触凝乳），然后将凝乳冷藏至少 1 小时，最好冷藏一整夜。

准备烘焙前，将烤箱预热至190℃。在玛德琳十二连模内壁涂抹黄油并撒上面粉。将柠檬凝乳装入安装了小号尖嘴裱花嘴的裱花袋中，放入冰箱冷藏。往每个玛德琳模具中舀入满满 1 大勺面糊并分别塞入一颗覆盆子。烤 5 分钟，关掉烤箱电源（玛德琳将形成其标志性的凸起），1 分钟后打开电源，将温度调到 160℃，再烤 5 分钟。把烤好的玛德琳放在冷却架上，冷却几分钟，直到便于处理。冷却的同时，清洗和擦干模具，重复以上步骤，继续烘焙下一批。烘焙第二批玛德琳的时候，将裱花嘴插入烤好的玛德琳凸起的部分，挤入体积相当于 1 小勺的柠檬凝乳。按照这种方法处理第二批玛德琳，然后在所有玛德琳上筛糖粉并立即享用。

准备时间：40 分钟；静置时间：数小时至一整夜；烹饪时间：25 分钟

柑橘四合蛋糕

Citrus fruit cake

四合蛋糕是法国版的英式磅蛋糕。它的配方大多数法国烹饪者都了然于心，因为它太简单了，很容易记。它之所以被这样命名，是因为它的四种主要原料——面粉、白糖、鸡蛋和黄油——的分量相同。

• 4 个鸡蛋 • 250 克细黄砂糖 • 250 克中筋面粉 • 1 撮盐
• 1 个表皮无蜡的柠檬和 1 个表皮无蜡的橙子擦出的皮屑
• 1 小勺泡打粉 • 250 克黄油，熔化并冷却

将烤箱预热至 180℃，在一个 23 厘米 ×12 厘米的吐司模中涂抹黄油并撒面粉。分离蛋白和蛋黄。在一个碗中搅打蛋白和 1/2 的细黄砂糖，直至硬性发泡。在另外一个碗中搅打蛋黄和另外 1/2 的细黄砂糖，直到蛋黄混合物变浓稠并且颜色发白。

在另外一个碗中混合面粉、盐、柠檬皮屑、橙子皮屑和泡打粉。

将面粉混合物拌入蛋黄混合物中，然后倒入熔化和冷却的黄油，轻轻搅拌，直到黄油均匀融入其中。最后，小心地拌入蛋白混合物。

将面糊倒入准备好的模具中，烤 35~40 分钟，或直至刀插入蛋糕中心、拔出后刀尖是干净的。

这款蛋糕最好在烘焙当天食用，不过将它放入密封容器中可以保存 1~2 天。

准备时间：20 分钟；烹饪时间：35～40 分钟

牛奶焦糖布里欧修卷

Dulce de leche brioche buns

　　这款布里欧修的配方与旺代布里欧修的很相似，后者传统上是辫子形的，主要用于复活节庆典，原料还包括法式酸奶油和橙花水。

　　这款布里欧修面团很适合做面包卷，而我最爱的馅料之一，阿根廷焦糖酱——牛奶焦糖酱更是为面包卷锦上添花。我是在巴黎干第一份与烹饪有关的工作时学会制作这款馅料的。那时我在一家卖烹饪书的书店工作，经常为书店举办的沙龙和新书发布会准备牛奶焦糖馅饼干和其他甜点。

* 75 克黄油 • 50 毫升牛奶 • 5 克干酵母 • 250 克中筋面粉 • 50 克白糖 • 1 撮盐
* 1 个鸡蛋，打散 • 满满 1 大勺法式酸奶油 • 1 小勺香草精
* 1 小勺橙花水 • 适量打散的鸡蛋，用于刷面

馅料原料 • 150 克牛奶焦糖酱

可选馅料原料 • 3 个餐后食用（适合生吃）的小苹果，去核，粗略切碎；或者 150 克坚果（如杏仁或榛子），粗略切碎

　　加热牛奶，加入黄油，使其熔化。加入干酵母，搅拌，使其溶解（牛奶混合物应该是温热的，绝对不能是烫的，否则干酵母会失去活性）。

　　在大碗中混合面粉、白糖和盐。在混合物中央挖一个坑，加入牛奶混合物和剩下的面团原料，混合原料，直到形成一个柔软、黏手的面团。把面团放在碗中，盖上保鲜膜，冷藏一整夜。

　　第二天，在一个直径 25 厘米的活底蛋糕模或普通蛋糕模中铺烘焙纸。把面团倒在撒了面粉的工作台上，揉 5 分钟，然后擀成一个大长方形（大约 40 厘米 × 30 厘米）。在面团表面刷牛奶焦糖酱（留出 2 厘米宽的边缘不刷），撒上切碎的苹果或坚果（如果使用）。卷起面团，使其像香肠一样，然后平均切成 6 份。把切好的面团卷切面朝上——放入蛋糕模，在顶部刷蛋液。把面团用保鲜膜盖好，放在温暖的地方静置 2 小时，或直至面团膨胀至原来的 2 倍大。

　　将烤箱预热至 160℃。再次在面团顶部刷蛋液，然后放入烤箱烤 30~40 分钟，或直至面包卷变成金黄色。如果面包卷颜色过早变深，就在上面盖铝箔。烤好后，从烤箱中取出，放在冷却架上冷却。最好在面包卷温热时享用，或者在烘焙当天享用。

准备时间：30 分钟；静置时间：一整夜加数小时；烹饪时间：30~40 分钟

法式吐司配樱桃罗勒蜜饯

French toast with cherry and basil compote

法式吐司的法文名"Pain perdu"的本意是"丢失的面包"，也就是说它是用陈的、差点儿被丢弃的面包做的，但是这款吐司非常合我的胃口。我在吐司上放了我最喜欢的蜜饯，不过你完全可以什么都不加，直接吃吐司。

• 1 个鸡蛋 • 250 毫升牛奶 • 1 大勺白糖
• 4 片布里欧修或三明治面包 • 1 大勺黄油

蜜饯原料 * • 450 克冷冻、去核的樱桃 • 150 克糖粉 • 1 束罗勒（大约 20 克）

制作蜜饯。将所有蜜饯原料放入炖锅中，不盖盖子，小火煮 15 分钟。其间不时搅拌，以便糖粉溶化。

煮蜜饯的同时，制作法式吐司。将鸡蛋、牛奶和白糖放入一个盘子中，搅打。把面包片放入鸡蛋混合物中浸泡，每面浸泡 1 分钟。在大号煎锅中中火加热黄油。放入面包片，煎 2~3 分钟，直至那一面变成金黄色。然后将面包片翻面，煎另一面。

从蜜饯中取出罗勒。将出锅的吐司直接装盘，再用勺子将温热的蜜饯舀在吐司上面和周围。

* 这款蜜饯可以提前做好，放在密封容器中冷藏可以保存几天。使用前加热即可。

其他顶部装饰
• 香蕉片和巧克力酱。
• 煎得焦脆的培根和枫糖浆。
• 新鲜浆果和 1 勺冰激凌。
• 咸味焦糖酱（第 222 页）。

准备时间：10 分钟；烹饪时间：25 分钟

新鲜低脂奶酪

Fresh cheese

这款低脂奶酪拥有顺滑如奶油般的口感和微酸的味道，这种酸味不太像臭袜子的味道，而更像刚刚洗好的白色亚麻布的味道。当然，它的另一个特点是低脂和低胆固醇，但这并不意味着它的味道不好。

- 2 升半脱脂牛奶或脱脂牛奶，最好是有机奶，不要使用经过高温或均质处理的牛奶
- 125 克普通原味酸奶或益生菌酸奶，最好是有机酸奶 • 1 个柠檬榨的汁（6 大勺）
- 1 撮盐或白糖 • 2 大勺高脂厚奶油（可选）

把牛奶倒入大号炖锅中，用最小的火慢慢加热，轻轻搅拌，直到牛奶开始冒水蒸气、锅边出现小气泡（千万不要让它沸腾）。这大约需要 20 分钟。

将牛奶冷却几分钟后，拌入酸奶和柠檬汁，静置 10 分钟，其间不要搅拌。将炖锅放回炉子上，加热至沸腾。等混合物分离成凝乳（固体）和乳清（液体），把炖锅从炉子上拿下来。

在细眼滤网上铺干酪布或干净的茶巾。把滤网放在一个碗上，倒入已经分离的牛奶。立即抓起奶酪上方的布用力收紧，扭转并挤出多余的液体。然后，将布的 4 个角打结，让它像个包袱一样。再将一把木勺穿过包袱上的结，把奶酪悬挂在一个大碗或罐子上方（不要让包袱底部接触碗或罐子），冷藏 30 分钟或一整夜。奶酪悬挂的时间越长，沥出的液体就越多，奶酪也就越干。

享用前，再次拧干酪布，挤出多余的液体，然后把奶酪倒在容器中，用盐或白糖调味。可以单独享用较干的奶酪，或者将几大勺高脂厚奶油和奶酪一起搅打成更加顺滑和细腻的奶酪混合物再享用。

搭配建议

把奶酪涂抹在一片布里欧修或三明治面包上，然后发挥你的想象力，调动你的味蕾，用甜味或辣味的调料来调味。下面这些都是我喜欢的调料。

甜味调料：一点儿蜂蜜、枫糖浆或白糖就足够了。或者搭配新鲜水果或糖煮水果。要想口感酥脆，可以尝试搭配坚果或格拉诺拉麦片。

辣味调料：黑胡椒碎、少许辣椒粉或切碎的新鲜芳香植物（香葱、欧芹等）。

准备时间：10 分钟；烹饪时间：25 分钟；静置时间：30 分钟或一整夜

LE SOLEIL

LE SAUCISSON SEC

LA BAGUETTE

L'HERBE

LES VERRES

UNE BOUTEILLE
DE VIN

LA PLUIE

LES FROMAGES

LES RAISINS

LE THERMOS

LES SERVIETTES

LA COUVERTURE

LE PANIER

LE THERMOS

LA PLUIE

夏日野餐

Pique-niques d'été

L'ARBRE

LE SAUCISSON SEC

LES VERRES

L'HERBE

LE TIRE BOUCHON

LA COUVERTURE

LE SOLEIL

UNE BOUTEILLE
DE VIN

LES ABEILLES

LA BAGUETTE

LES FROMAGES

LE PANIER

LES RAISINS

LES FLEURS

19世纪中期，爱德华·马内和克洛德·莫内都画了关于野餐的画——《草地上的午餐》。马内的画（它激发了莫内的创作灵感）在当时引起了极大的轰动。画中的野餐地点在茂密树林里的一片开阔地带，一位全裸的女子与两位衣冠楚楚的男子坐在一起，那两位男子正在进行深入地交谈，看起来完全没有因身边裸体的同伴而分心；野餐篮中装满了水果和面包，但没有人关心吃的事情。这种场景当然和我在巴黎经历过的野餐完全不同——食物可是野餐中的主角！

在巴黎，只要春天的阳光开始变得温暖，灰暗的冬天就宣告结束了。你会发现，巴黎人都涌向有植物和有水的地方。在塞纳河或运河河畔、埃菲尔铁塔下的战神广场以及巴黎的许多其他公园，人们带着法棍、红酒和其他野餐用品聚集在一起。

我在巴黎最喜欢的公园是位于19区的柏特休蒙公园。不同于卢森堡公园或蒙梭公园，柏特休蒙公园到处是绿树草地，而且允许游客随意坐在草地上（巴黎有些公园禁止游客坐在草地上），游客还可以在这里饱览巴黎美景。每到夏季，这里就成了我的第二个家，因为我很幸运地住在附近。我的朋友们都把野餐会当作夏季的社交聚会，因为我们住的都是巴黎典型的小公寓，很难找到能容纳许多人聚会的场所。另外，组织一次野餐会确实不需要花费什么——每个人随便带点儿吃的，你就能吃饱。本章中的都是我个人很喜欢的野餐餐点，希望你也喜欢。

洛林乳蛋饼

Bacon and egg tart

　　洛林乳蛋饼的原料只有油酥面团、奶油、鸡蛋和培根，没有奶酪、洋葱或任何多余的调料。乳蛋饼起源于法国与德国接壤的洛林地区，它的法文名"quiche"来源于德语词"kuchen"，意思是蛋糕。

　　乳蛋饼实际上就是咸味的卡士达塔。卡士达塔加入培根，就是洛林乳蛋饼；加入格律耶尔奶酪，就是孚日乳蛋饼。加入任何你喜欢的馅料（参考下面我提供的建议），你将得到用你的名字命名的"某某乳蛋饼"。

• 90 克软化的黄油 • 1 小勺白糖 • 1 撮盐
• 180 克中筋面粉 • 2 个蛋黄 • 适量冰水

馅料原料 • 150 克肥腊肉片或切成丁的烟熏培根 *
• 4 个鸡蛋加 2 个蛋黄（蛋白留下来，用于刷面）
• 300 克法式酸奶油或高脂厚奶油 • 1 小勺盐 • 适量胡椒粉

　　制作油酥面团。用木勺搅打黄油、白糖和盐，直到混合物变软，像奶油一样。加入面粉混合均匀，然后加入蛋黄和 2 大勺冰水，混合均匀，将混合物团成光滑的球形。如果面团容易散开，就再加入一点儿水（尽量少揉面团，只要面团能够成形就停止揉面）。将油酥面团用保鲜膜包好，放入冰箱冷藏至少 1 小时（最好一整夜）。

　　在使用前 30 分钟从冰箱中取出油酥面团。将面团放在两张烘焙纸之间，用擀面杖擀成 5 毫米厚，然后将面团铺在直径 25 厘米、至少深 3 厘米的塔盘里。在面团表面刷蛋白。把面团放入冰箱冷藏，开始准备馅料。

　　将烤箱预热至 180℃。

　　制作馅料。将肥腊肉片放入不粘煎锅中煎至金黄色，用漏勺捞出，放在纸巾上冷却。然后，将鸡蛋和蛋黄放入碗中略微搅打，加入法式酸奶油、盐和胡椒粉，搅打均匀。将肥腊肉片铺在油酥面团上，倒入鸡蛋混合物。烤 30~45 分钟，或直至馅料变成金黄色并且凝固。趁热食用或冷却后食用均可。

* 替代馅料：烤蔬菜 • 芦笋和烟熏培根 • 樱桃番茄、切成丁的切达奶酪和百里香叶子 • 炒软的蘑菇和韭葱。

** 你也可以使用料理机来制作面团，但要注意，不要搅拌过度。

准备时间：30 分钟；静置时间：1 小时至一整夜；烹饪时间：35～50 分钟

洋葱塔

Anchovy, onion and black olive tart

很多人把普罗旺斯洋葱塔看作法国的比萨。其实，洋葱塔的法文名"pissaladière"来源于"pissala"，后者的意思是用来给这道菜肴调味的咸鱼酱。如今的洋葱塔以比萨饼皮为底，用鳀鱼代替咸鱼酱，并用小火炒软的洋葱和黑橄榄做馅料。

• 5 克干酵母 • 75 毫升温水 • 1 撮白糖
• 150 克高筋面粉 • ½ 小勺盐 • ½ 小勺干迷迭香
• 1 大勺橄榄油，另外准备一些用来刷在烤盘和面团上

馅料原料 • 500 克洋葱，切成薄片 • 8 条鳀鱼 *，沥油
• 1 大勺橄榄油，另外准备一些用来淋在面团上
• 1 撮白糖 • 1 个表皮无蜡的橙子擦出的皮屑（可选）• 10 颗黑橄榄，去核

制作面团。将干酵母和白糖放入温水中溶解。在一个碗中混合剩下的干性面团原料，再加入酵母溶液和 1 大勺橄榄油，和成面团。把面团放在撒了少许面粉的工作台上，揉至面团如丝绸般光滑并且相当有弹性（5 分钟为宜）。

在一个烤盘中刷橄榄油。把面团擀成 3 毫米厚（像薄比萨饼皮，形状随你喜欢），然后放入烤盘，稍稍把面团往烤盘边缘推一推。在面团上刷橄榄油，盖上潮湿的茶巾，让它在温暖的地方发酵 30 分钟。

发酵的同时，制作馅料。在锅中放 1 大勺橄榄油，倒入洋葱片和 2 条鳀鱼，小火炒 30~40 分钟。等洋葱片变软、像果酱那样黏稠，加入白糖和橙子皮屑（如果使用）。冷却 10 分钟。

将烤箱预热至 200℃。把炒好的馅料铺在面团上，再撒上剩下的鳀鱼 **。在表面淋一些橄榄油，烤 20~25 分钟，或直至底部变成金黄色。从烤箱中取出洋葱塔，在上面放黑橄榄。趁热食用或冷却后食用均可。

* 我买的鳀鱼是浸泡在橄榄油里的，比较高档。它们不像超市出售的鳀鱼罐头那么咸。如果你买的鳀鱼非常咸，就要用水浸泡，然后用纸巾吸干水分。

** 如果你喜欢软嫩的鳀鱼，不喜欢烤得酥酥的鳀鱼，就在烘焙后将鳀鱼和橄榄一起放在洋葱塔上（橄榄经过烘烤会变得干瘪，并且会被烤焦）。

准备时间：30 分钟；静置时间：30 分钟；烹饪时间：约 1 小时

洋葱酸奶油塔

Onion and crème fraîche tart

普罗旺斯有洋葱塔，阿尔萨斯有酸奶油塔，后者以比萨饼皮为底，上面有法式酸奶油、肥腊肉片和洋葱——这些都是阿尔萨斯常见的食材。

无麸质食品在热爱法棍的法国还不太流行，这让实行无麸质饮食法却又想品尝法式酥皮糕点和面包的人沮丧不已。于是，我在这里用栗子粉和木薯淀粉代替小麦粉。这意味着你不用揉面——只需要把原料混合在一起团成球形。

• 160 克栗子粉 * • 140 克木薯淀粉 • 1 小勺瓜尔豆胶 **
• 1½ 小勺泡打粉 • ½ 小勺盐 • 1 大勺浅色红糖
• 5 克干酵母 • ½ 小勺白糖 • 190 毫升温水

馅料原料 • 4 大勺法式酸奶油 • 2 个红洋葱，切成薄片
• 100 克肥腊肉片或切成丁的烟熏培根 • 4 枝百里香，只要叶子

在大碗中混合栗子粉、木薯淀粉、瓜尔豆胶、泡打粉、盐和红糖，在中央挖一个坑。将干酵母和白糖溶解在温水中。等酵母开始冒泡，把酵母溶液倒入坑中，把所有原料混合成球形。将面团放在两张烘焙纸之间，用擀面杖擀成 5 毫米厚，然后放在大到足够铺平面团的烤盘里。(面团的形状无关紧要，重要的是厚度要控制在 5 毫米。) 取下面团表面的烘焙纸，并把露在面团边缘的底层烘焙纸剪掉。

将一个大号烤盘放入烤箱，将烤箱预热至 200℃。

把法式酸奶油涂抹在面团上，然后撒上洋葱片、肥腊肉片和百里香叶子。把面团滑到预热好的烤盘中，烤 20~30 分钟，或直至成品边缘变得酥脆。传统上这款酸奶油塔要在温热时食用，但冷却后食用也很好吃。

*栗子粉可以在健康食品商店和网上买到。木薯淀粉可以尝试在当地超市或卖中国食品的商店购买。

** 瓜尔豆胶是从瓜尔豆中提取的，是非常强效的增稠剂。你可以在网上和健康食品商店买到粉状的瓜尔豆胶。

替代建议

如果喜欢甜味的馅料，可以用切成薄片的苹果代替洋葱片和肥腊肉片，然后撒上肉桂粉和红糖。

准备时间：30 分钟；烹饪时间：20~30 分钟

腊肠开心果李子蛋糕

Cured sausage, pistachio and prune cake

　　用腊肠、开心果和李子做蛋糕？为什么不行？法国人做咸味蛋糕的历史已经相当长了。咸味蛋糕可以在法国的面包房买到，时髦咖啡馆的午餐餐单上通常也有它们的身影（通常与一份沙拉搭配），不过它们更有可能出现在野餐中（我就是在野餐会上第一次见到它们的）。咸味蛋糕的制作方法超级简单，而且可以用你家冰箱里剩下的任何东西（如烤过的蔬菜、冷盘肉、奶酪等）制作。你按照下面的基础面糊配方制作蛋糕就行，在馅料方面可以尽情发挥你的想象力。

- 250 克中筋面粉 • 15 克泡打粉 • 150 克法国腊肠或意大利蒜味腊肠，切成小丁
- 80 克开心果，粗略切碎 • 100 克李子，粗略切碎 • 4 个鸡蛋 • 100 毫升牛奶
- 150 毫升橄榄油 • 50 克原味酸奶 • 1 小勺盐 • 适量胡椒粉

　　将烤箱预热至 180℃，在一个能容纳 500 克面团的吐司模中铺烘焙纸。在一个碗中混合面粉、泡打粉、腊肠丁、开心果碎和李子碎。在另一个碗中搅打鸡蛋，直到蛋液变浓稠并且颜色变浅。依次加入牛奶、橄榄油和酸奶并搅拌均匀，然后加入盐和胡椒粉，最后将面粉混合物一点点地拌入其中。注意，不要过度搅打（拌匀即可）*。

　　将面糊倒入准备好的吐司模中，烤 30~40 分钟，或直至将金属测试棒插入蛋糕中心、拔出后表面是干净的。等蛋糕完全冷却后脱模。

* 加面粉混合物的时候，越搅打面糊，生成的麸质就越多。对蛋糕和酥皮糕点来说，麸质太多并不是好事（不同于面包），因为那会让成品变得硬实。加面粉混合物时，为了避免搅打过度，你可以使用橡胶刮刀。你会发现，它比打蛋器好用。

准备时间：20 分钟；烹饪时间：30~40 分钟

胡萝卜沙拉和芹菜根苹果沙拉

Carrot salad and Celeriac and apple salad

胡萝卜沙拉和芹菜根沙拉是很多午餐餐单上的常见菜。它们的做法相当简单，只需要主要原料和油醋汁，而这就是制作这两道沙拉让人开心的地方。正因为简单，你可以毫不费力地只花几分钟就为野餐准备好餐点，而不用累得筋疲力尽。

胡萝卜沙拉原料 • 8 根胡萝卜，擦成丝 * • ½ 束欧芹，细细切碎
• 5 大勺葵花子油 • ½ 个柠檬榨的汁 • 适量盐和胡椒粉

芹菜根苹果沙拉原料 • 250 克芹菜根，擦成丝 * • 1 个餐后食用（适合生吃）的苹果，去皮，擦成丝 *
• 5 大勺葵花子油 • 2 大勺白酒醋
• 满满 1 小勺带有颗粒的芥末酱 • 1 撮白糖 • 适量盐和胡椒粉

制作胡萝卜沙拉。把胡萝卜丝和欧芹碎放入碗中。混合葵花子油和柠檬汁，并用盐和胡椒粉调味。把做好的油醋汁淋在胡萝卜丝和欧芹碎上，混合均匀。尝一下味道，如有必要，再加点儿调料来调味 **。

制作芹菜根苹果沙拉。把芹菜根丝和苹果丝放入碗中。混合葵花子油、白酒醋、芥末酱、白糖、盐和胡椒粉。把做好的油醋汁淋在芹菜根丝和苹果丝上，混合均匀。尝一下味道，如有必要，再加点儿调料来调味 **。

* 如果你的料理机配有擦丝的配件，能够把原料擦成火柴粗细，那么用它比用传统的擦菜板好。虽然会多花点儿时间，但火柴粗细的原料能让沙拉的口感更脆。

** 这两款沙拉最好在制作当天食用（就算拌了调料，芹菜根和苹果依然容易变色）。把它们分别装在密封容器中，然后放入冰箱冷藏，直到需要取出来带到野餐地点。

准备时间：20 分钟（共用时）

"在面包房选面包显得至关重要。当然，你可以选择经典的法棍，但是其他许多面包，比如酸面团面包、全麦面包、黑麦面包，以及掺入了坚果、无花果和其他水果干的面包也很不错。"

布里面包
Olive bread

这个配方是贡特朗·谢里耶告诉我的，他家祖孙三代都是面包师。他已经出版了三本烹饪书，在巴黎经营一家面包房，所以每当谈到面包，他都说得头头是道。他做的布里面包有典型的诺曼底风味，而且容易制作。我为一次野餐制作了这款面包，结果大受欢迎——我还没尝呢，面包就被吃光了。

• 5 克干酵母 • 4 大勺温水 • 84 克中筋面粉 • 1 撮盐
• 1 团软化的黄油 • 300 克发酵好的面团 *

馅料原料 • 50 克绿橄榄，去核 • 50 克黑橄榄，去核
• 1 小勺细细切碎的迷迭香（可选）• 20 毫升橄榄油

将干酵母溶解在温水中。在一个大碗中混合面粉和盐。加入酵母溶液、黄油和发酵好的面团，把所有原料混合成球形。将面团放在撒了面粉的工作台上，揉 15 分钟，直到面团变得光滑。盖上潮湿的茶巾，让面团在温暖的地方发酵 30 分钟。

制作馅料。将橄榄、迷迭香碎（如果使用）和橄榄油混合在一起。

在撒了面粉的工作台上把面团擀成 1 厘米厚的长方形，使其比 A4 大小的纸稍大一些。把馅料涂抹在面团上，然后沿长边卷起面团，使其像一根粗香肠。然后，把面团接缝朝下放在一张烘焙纸上。用一把锋利的刀在面团上切深深的切口，直到露出里面的橄榄（但是不要一刀切到底）。再次在面团上盖潮湿的茶巾，让面团在温暖的地方发酵 1 小时，或直至面团的体积变为原来的 2 倍。

将一个烤盘放在烤箱中层，再将一个焗盆放在烤箱底层，将烤箱预热至 240℃ **。等烤箱预热好后，将面团滑到烤盘上（连同烘焙纸一起），并在焗盆中倒一杯水。烘烤 5 分钟后，将烤箱的温度降到 210℃，再烤 20~25 分钟。烤好后，将面包放在冷却架上冷却。这款面包在温热时和完全冷却后食用均可。

* 可以去面包房购买，或者头天晚上自己制作。制作方法是，混合 10 克干酵母和 130 毫升温水，搅拌至干酵母溶解。再混合 200 毫升中筋面粉和 2 撮盐，然后将酵母溶液倒入面粉混合物中，混合均匀，揉出一个光滑的球形面团（面团一开始会比较黏手）。将面团放入一个碗中，盖上保鲜膜，放在温暖的地方静置 1 小时，然后放入冰箱冷藏一整夜。

** 对流式烤箱会令面包干燥，因此最好使用普通烤箱（没有风扇的）来制作这款面包。

准备时间：30 分钟；静置时间：1.5 小时；烹饪时间：25~30 分钟

甜味克拉芙缇

Sweet clafoutis

克拉芙缇起源于利穆赞。它的做法很简单，往用鸡蛋、白糖、杏仁粉和面粉混合而成的面糊里加水果烘烤即可，所以它是法国祖母会为孩子做的一款甜点。传统的甜味克拉芙缇使用的是完整的樱桃，但你可以使用你喜欢的任何水果。你甚至可以使用水果罐头，只要把水果沥干就行。

• 4 个鸡蛋 • 150 克白糖 • 1 撮盐 • 50 克杏仁粉 *
• 2 大勺中筋面粉 • 100 克法式酸奶油 • 100 毫升牛奶
• 350 克樱桃，去核，或者你喜欢的任何浆果或质软的水果（甚至连巧克力也可以）

将烤箱预热至 180℃，在一个 19 厘米 ×10 厘米的焗盆或蛋糕模中涂抹黄油并撒面粉 **。在一个碗中混合鸡蛋、白糖和盐，搅拌至鸡蛋混合物变浓稠并且变成浅黄色。往鸡蛋混合物中筛杏仁粉和面粉，翻拌均匀，然后拌入法式酸奶油和牛奶。把樱桃分散放在准备好的模具中，使其分布均匀。倒入面糊，烘烤 30~40 分钟，或直至成品变成金黄色和凝固。趁热食用或冷却后食用均可。

咸味克拉芙缇

Savoury clafoutis

近年来，法国人开始制作咸味克拉芙缇：用奶酪和番茄代替水果，不用白糖。

像做甜味克拉芙缇那样制作面糊，但是省略白糖，并且用 100 克切成大块的成熟奶酪（比如格律耶尔奶酪、成熟的孔泰奶酪、切达奶酪或山羊奶酪，擦碎）、100 克樱桃番茄和 50 克去核黑橄榄代替樱桃。你还可以用切碎的芳香植物（如罗勒、欧芹或百里香）和吃剩的烤蔬菜来代替奶酪和樱桃番茄。

* 杏仁粉可以用其他坚果粉（比如榛子粉或开心果粉）代替。
** 或制作小份的克拉芙缇：在 6~8 个烤盅（大约直径 8 厘米、深 4 厘米）里涂抹黄油并撒面粉。把樱桃和面糊平均分装在模具中，烤 15~20 分钟。如果喜欢，你可以在上桌前将它们从模具中倒出来。

准备时间：15 分钟；烹饪时间：30~40 分钟

迷迭香薰衣草山羊奶酪香草面包

Rosemary, lavender and goat's cheese bread

香草面包的法语名"fougasse"来源于古罗马语中的"panis focacius",这也可能是这款面包和意大利的佛卡夏相似的原因。不过,与意大利人不同的是,法国人把他们的面包拉扯开并切出花纹,让香草面包像一片叶子。这不仅仅是为了美观——将面包的表面拉扯大,可以令这款面包更加酥脆,而且更容易烤熟。

• 10 克干酵母 • 250 毫升温水 • 400 克高筋面粉
• 1½ 小勺盐,另外准备一点儿用于撒在成品上 • 1 小勺干迷迭香
• ½ 小勺干薰衣草 • 2 大勺橄榄油,另外准备一些用于刷面
• 80 克硬质山羊奶酪,切成小块 • 适量盐

将干酵母放入温水中,搅拌至完全溶解。在一个碗中混合面粉、盐、迷迭香和薰衣草,倒入酵母溶液和橄榄油,混合成面团。把面团放在撒了少许面粉的工作台上,揉至面团光滑且有黏性(不要加太多面粉,面团以黏手为宜)。把面团用保鲜膜盖好,放在温暖的地方发酵 1 小时,然后放在冰箱中冷藏一整夜。

第二天,把面团放在撒了面粉的工作台上,揉 5 分钟,直至再次把面团揉成一个光滑的球。在面团上盖潮湿的茶巾,让它在温暖的地方发酵 30 分钟。

把面团擀成一个大长方形,沿对角线切成 2 个三角形。在每个三角形的正中切一道长切口,注意不要从头切到尾,而要从长边靠里一点儿的位置开始切,快到与长边相对的角为止。然后,在这道切口两边分别切 3 道短斜线,再用你的手指轻轻地把这些斜切口撑开,使其像叶子的叶脉。把 2 个三角形面团分别放在烘焙纸上,并且把奶酪块随意地塞入面团中。再次在面团上盖潮湿的茶巾,让面团在温暖的地方发酵 1 小时,或直至面团的体积变为原来的 2 倍。

将一个烤盘放入烤箱中,将烤箱预热至 240℃。在面团上刷橄榄油,再撒上 1~2 撮盐。等烤箱预热好后,将面团放到热烤盘上,烤 5 分钟后将烤箱的温度降到 210℃,再烤 12~15 分钟,或直至面包变成金黄色。最好趁热享用。

准备时间:30 分钟;静置时间:一整夜加 2.5 小时;烹饪时间:17~20 分钟

花椰菜维希奶油冷汤

Iced cauliflower and potato soup

有人说维希奶油冷汤是法国人发明的，也有人说是美国人发明的。两种说法都没有切实的证据，就看你相信哪一种了。有个故事说，它是法国大厨路易·迪亚特在 1914 年为纽约丽嘉酒店研发的。因为他出生在法国温泉城维希附近，所以他以这个地名来为这款奶油浓汤命名。

传统的配方要求使用韭葱和土豆，但我用花椰菜替换了韭葱，因为花椰菜会让这款浓汤的味道更柔和。你可以提前一天做好浓汤，这样它有足够多的时间变得冰凉，而你只需要在野餐前将它灌入保温瓶带走即可。

- 1 小棵花椰菜（600 克），切成小朵，你可以使用部分花梗
- 240 克土豆，切成大块 • 1 个洋葱，切碎 • 1 团黄油
- 1.2 升热鸡高汤或蔬菜高汤 • 600 毫升牛奶
- 100 克法式酸奶油，再准备一点儿用于装盘
- 适量盐和白胡椒粉 • 1 把切碎的香葱

在锅中加黄油，小火将蔬菜炒 5 分钟，直到洋葱变软但未变成金黄色。加入热高汤，小火煮 20 分钟，或直至土豆和花椰菜变软。关火，让汤稍稍变凉，拌入牛奶和酸奶油。然后把汤和其中的蔬菜倒入搅拌器中搅打至顺滑，最后用盐和白胡椒粉调味。

奶油浓汤冷却后，将其放入冰箱冷藏至少 4 小时，最好冷藏一整夜。要在浓汤变得冰冷之前尝一尝味道，有需要的话加调料调味。享用前，用 1 团酸奶油和一些香葱碎装饰。

准备时间：30 分钟；烹饪时间：25 分钟；冷藏时间：4 小时至一整夜

冬葱红酒奶酪

Fresh cheese with shallots and red wine

这道奶酪料理的法语名为"cervelles de canut"，字面意思是"丝绸工人的脑浆"。不要害怕，这道菜里没有人的脑浆，甚至没有肉类。它是里昂的特色菜，而里昂在 1466 年路易十一国王统治时期就成为法国的丝绸工业中心。据说，19 世纪丝绸工人的地位十分低下，因此上流社会的人用这个名称来为这道简单的菜命名。

- 250 克自制新鲜低脂奶酪（第 82 页）或农家奶酪
- 50 克法式酸奶油 • 1 大勺红酒醋 • 1 个小冬葱，细细切碎
- ½ 瓣大蒜，捣成泥 • ½ 小勺白糖
- 4 大勺细细切碎的香葱 • 适量盐和胡椒粉

沥去奶酪里多余的液体。在碗中混合所有的原料，但要留下一些香葱碎用于装饰。然后尝一下味道，有必要的话再加些盐和胡椒粉调味。盖好碗，将奶酪放入冰箱冷藏 2 小时 *。

上桌前在奶酪上撒香葱碎，趁它冰凉时享用。可以搭配新鲜面包和生蔬菜，比如胡萝卜条、甜椒和小萝卜。

* 放入密封容器中可以冷藏保存几天。

准备时间：10 分钟；冷藏时间：2 小时

LE THON

LE COCKTAIL

LES PISTACHES

LA MENTHE

LE CÈPE

LE RAD

LES OIGNONS FRAIS

L'HUITRE

LES CHANTERELLES

LA SALADE

L'AIL

LE PAS

LES OLIVES

LES CORNICH

UNE COUPE DE CHAMPAGNE

开胃菜

Apéros

LE COCKTA

LE CÈPE

LES PISTACHE

LE CONCOMBRE

LA SALADE

LE PASTIS

LES OLIVES

LE THON

LES CORNICHONS

LES OIGNONS FRAIS

L'HUITRE

LA RÂPE

L'AIL

LA MENTH

法国著名厨师奥古斯特·埃斯科菲耶曾说过："真正的幸福是建筑在美食的基础上的。"我非常赞同这句话。以一杯红葡萄酒、白葡萄酒或起泡酒加上一两份可口的开胃菜开始一个美好的夜晚，还有什么比这更让人开心的？"酒吧时间"相当于法国人的"鸡尾酒时间"，法国人喜欢在晚饭前去酒吧喝点儿什么，不过酒吧提供的开胃菜不是薯片和蘸酱，而是各种腌肉和一些爽脆的酸黄瓜。

和法国的许多传统一样，"酒吧时间"是辛苦工作一天的人们让自己放纵和放松的绝好机会。这一传统起源于19世纪，当时人们经常喝点儿苦艾酒，而且只有男人喝。苦艾酒（干马天尼酒的一种基本原料）是1813年由草药师约瑟夫·诺尼发明的，他宣称这种酒于健康有益（当时的大多数开胃酒都被认为有益于健康）。苦艾酒的制造工序至今几乎没有变化。法国马赛的葡萄在橡木桶里发酵成熟后，与一些神秘的香料和药草混合，就制成了苦艾酒。

另外一种老派的美酒是茴香酒，它是由茴香味的利口酒和水混合而成的。

尽管近年来茴香酒的走红被看作鸡尾酒的复兴，但法国人依然喜欢让它保持单纯。法国人最喜欢用来调制鸡尾酒的是柯尔酒（由少许黑醋栗酒和白葡萄酒混合而成）或皇家柯尔酒（由黑醋栗酒和香槟混合而成）。

在如今这个紧张而忙乱的世界，无论你打算准备什么样的开胃酒和开胃菜，我认为最重要的是能够让时间慢下来，让你自己放松下来。这才是对健康最有利的。

兔肝酱

Rabbit liver pâté

有些东西是你小时候绝对不吃而长大后才爱上的，动物肝脏于我就是如此。我母亲想尽了一切办法来掩盖菜肴中动物肝脏的味道，而我总能隔得很远就闻出来。然后，等我参加了为期两周的紧张的烹饪培训后，一切发生了变化——我发现肝脏还是很好吃的，特别是做成酱的时候，窍门是不要过多地加热它们。

• 100 克含盐黄油 • 1 个冬葱，切成薄片 • 2 瓣大蒜，拍扁

• 2 片月桂叶 • 2 枝百里香 • 225 克兔肝 *，收拾干净并洗净

• 1 大勺干邑白兰地 • 1 条去骨的小鳀鱼 • ½ 小勺胡椒粉 • 适量盐（如果有必要）

澄清黄油原料 • 160 克无盐黄油

在一口大号的锅里熔化 1 团含盐黄油，加入冬葱片、大蒜、月桂叶和百里香。炒至冬葱变软但未变黄。加入兔肝和白兰地，煎大约 2 分钟后将兔肝翻面，再煎 2 分钟，直到兔肝表面变黄但里面依然是粉红色的。冷却 5 分钟后，取出月桂叶和百里香，将锅中的原料倒入搅拌器中，再加入鳀鱼和剩下的含盐黄油并搅打。加入胡椒粉，尝一下味道，有必要的话加盐调味。把兔肝酱分别装入 4 个烤盅（大约直径 6 厘米、深 4 厘米）** 里，抹平表面。

制作澄清黄油。在炖锅中熔化无盐黄油，使其沸腾。小心，黄油有可能溅出来。黄油沸腾后关火，静置几分钟，然后撇去黄油表面一层白色的物质。这层物质下的就是澄清黄油。将澄清黄油分别倒入装了兔肝酱的烤盅中，黄油底部牛奶般的液体丢掉不要。用保鲜膜盖好烤盅，静置至少 4 小时（或一整夜）方可享用。这道菜冷藏最多可以保存一周，冷冻最多可以保存两个月。

* 家养兔子的肝味道比较柔和，很像鸡肝（你也可以用鸡肝做这道菜）。野兔的肝味道很浓郁，需要在牛奶中浸泡一夜，这样可以去除部分腥味。

** 或者用一个能容纳 500 克面团的吐司模做一大份兔肝酱。

准备时间：20 分钟；烹饪时间：15 分钟；冷藏时间：4 小时至一整夜

焗烤野生蘑菇布丁

Wild mushroom terrine

当我还是小孩子时，我经常和父母一起去采蘑菇。那时，像米其林餐厅那样搜寻新鲜食材还不时髦。对我和哥哥来说，在树林里寻找鸡油菌、牛肝菌、喇叭菌和许多其他菌类是相当无聊的工作，所以我们经常祈祷下雨（可惜一点儿毛毛雨并不能阻止我的父母）。如今，我在巴黎居住，当然不必采摘什么，但我喜欢把去巴黎跳蚤市场寻觅食材看作"城市丛林中的采摘"。

- 450 克野生什锦蘑菇 • 2 团黄油 • 2 个冬葱，细细切碎
- 2 瓣大蒜，捣成泥 • 4 个鸡蛋 • 250 克法式酸奶油
- 2 小勺第戎芥末酱 • 1 撮肉豆蔻粉
- 2 大勺切碎的欧芹 • 适量盐和胡椒粉

将烤箱预热至 160℃，并在两个能容纳 250 克面团的迷你吐司模 * 中铺烘焙纸。

用纸巾或刷子仔细清洗蘑菇，然后把较大的蘑菇粗略切一下，使所有蘑菇大小基本一致。在一口大号煎锅中加入黄油，使黄油熔化，加入冬葱碎和蒜泥。等冬葱碎开始变黄，加入蘑菇，翻炒 10 分钟，直到蘑菇里的水分全部蒸发（如果煎锅太小，一次难以容纳所有蘑菇，就分批炒）。

炒蘑菇的同时，在碗中加入鸡蛋、法式酸奶油和芥末酱，搅打均匀。加入肉豆蔻粉和欧芹碎，并用盐和胡椒粉调味。

用漏勺从煎锅中捞出炒好的蘑菇混合物（沥去所有的液体），分装在准备好的吐司模中。将酸奶油混合物倒在蘑菇混合物上，烤 15 分钟，直到酸奶混合物凝固。蘑菇布丁出炉后，稍微冷却后脱模并切成片。最好等布丁冷却至室温再享用。

* 或者使用能容纳 500 克面团的吐司模制作一个大号布丁。这样的话，需烘烤 30 分钟，或直至酸奶油混合物凝固。

准备时间：20 分钟；烹饪时间：25 分钟

熟肉酱

Coarse pork pâté

熟肉酱大多出现在熟食店，被装在大圆盘里出售，很少有人自己在家做熟肉酱。人们提到熟肉酱，往往只会想到去超市或熟食店买现成的。最好的熟肉酱是用富含脂肪的肉（比如猪五花肉、鹅肉或鸭肉）制作的，这样的肉在小火烘烤下会慢慢地释放油脂。然后，将所有原料一起搅打成不太细腻的糊，再加点儿调料调味，熟肉酱就做好了。

• 1 千克带皮猪五花肉 * • 2 片月桂叶
• 1 枝迷迭香 • 2 枝百里香 • 适量盐和胡椒粉

将烤箱预热至 130℃。将猪五花肉切成大片，和月桂叶、迷迭香和百里香一起放在大号烤盘中。用铝箔盖好烤盘，放入烤箱烤 3 小时，中途搅拌一下。

从烤箱中取出烤盘，让猪五花肉冷却。

削去猪皮 **。取出月桂叶、迷迭香和百里香，把猪五花肉和烤盘中的油脂一起放入搅拌器中搅打成不太细腻的糊，再用盐和胡椒粉调味。然后，把做好的熟肉酱装入餐盘，室温下享用。

熟肉酱装入密封容器中，冷藏可以保存 3~4 天（冷藏过的熟肉酱中的脂肪会变硬，食用时需要用叉子把熟肉酱戳散）。

* 你可以用带骨的鸭腿代替猪五花肉。

** 我会把削下来的猪皮放在烤箱中，用上方的加热管烤几分钟，让它变脆。然后我会把猪皮切成小块，用盐调味后食用。

准备时间：30 分钟；烹饪时间：3 小时

Rillettes
de canard

Poids net : 180g

Paté
Campagne

ou piment d'Espelette

Poids net : 180g

ERRINES "MAIS

ILLETTES CANARD

OIE CANARD FOIE GRAS

OUDIN "PORC NOIR BIGOR

MAGNE "PIMENT ESPEL

MBONNEAU   PR 7 E

"PORC NOIR BIGORRE G

尼斯沙拉

Salad Niçoise wraps

如何制作地道的尼斯沙拉对很多人来说仿佛解一道难题。要不要加金枪鱼？要不要加煮过的蔬菜？经过对我的食客和法国朋友的调查，我总结的答案是：只要使用的是普罗旺斯大区尼斯周边地区出产的食材，你做的沙拉差不多就可以算尼斯沙拉了。

• 盐和白糖各 1 撮 • 12 根四季豆，掐去头尾 • 1 小棵生菜
• 1 棵红菊苣 • 12 条鳀鱼 *，沥干、去骨
• 12 颗黑橄榄（最好是产自尼斯的），去核、切片
• 6 颗樱桃番茄，根据大小，每个切成 4 等份或 2 等份 • 6 个小萝卜，切成薄片
• 1 个可生吃的小洋葱，切成薄片 • 2 个溏心蛋，去壳，每个切成 6 个楔形
• 2 大勺酸豆，细细切碎

油醋汁原料 • 2 大勺红酒醋 • 4 大勺特级初榨橄榄油
• 1/4 瓣大蒜，捣成泥 • 1/2 个柠檬榨的汁 • 1 撮白糖 • 适量盐和胡椒粉

制作油醋汁。将所有原料放入碗中，搅拌均匀。尝一下味道，如有必要，再加调料调味。

在一口大号炖锅中烧水，煮沸。加入四季豆，再加入盐和白糖，焯 2 分钟后捞出，放在自来水下冲洗并沥干。

把生菜和红菊苣的叶子一片片掰下来——你总共需要 12 片叶子。将剩下的原料平均分装在叶子中。如果四季豆太长，就将它们切成两段（四季豆应该比叶子略短）。在每份沙拉上淋一些油醋汁，再将剩下的油醋汁装在小碗中，一起上桌。

＊我喜欢使用普罗旺斯出产的用橄榄油浸泡的鳀鱼，它们的肉比较多，而且比鳀鱼罐头的味道淡一些。鳀鱼罐头使用前需要用水浸泡，然后用纸巾吸干水分。

额外的原料
• 煮熟的小土豆，切成 2 等份或 4 等份。
• 甜玉米。
• 金枪鱼（最好是黄鳍金枪鱼）——把 200 克生鱼肉腌一下，然后放在烧得冒烟的锅中，用一点点橄榄油煎一下，每面煎 1 分钟，最后切成薄片。

准备时间：20 分钟；烹饪时间：5 分钟

蝴蝶酥和千层酥棒

Elephant ears and puff pastry twists

我还记得，在烹饪学校学习制作千层酥皮的时候天气很热。学校厨房的空调机坏了，更糟糕的是，厨房里还有上节课留下的余热。于是，我和我的千层酥皮都快熔化了。自然，结果很不理想！千层酥皮必须冷藏几次才能做好，当时我真的希望自己也能进冰箱里躲一躲。

花了那么多时间和精力做出来的千层酥皮，我们当然不想浪费，因此，只要有剩余的，我们都会用来制作蝴蝶酥和千层酥棒——只要加点儿糖和肉桂粉就够了。

现在我不再自己花工夫做，而在附近的面包房买千层酥皮。你也可以在超市购买优质的千层酥皮——要确保买的是用黄油制作的。

• 250 克千层酥皮

蝴蝶酥原料 • 满满 1 大勺莫城芥末酱（或其他带有颗粒的芥末酱）
• 2 把成熟孔泰奶酪碎或你喜欢的硬质奶酪碎

千层酥棒原料 • 20 颗橄榄，去核 • 1 瓣大蒜 • 1 条鳀鱼

将烤箱预热至 200℃，并在两个烤盘中分别铺烘焙纸。将千层酥皮放在两张烘焙纸之间，用擀面杖擀成 40 厘米 ×30 厘米的长方形。把它横向平分成两半，这样就得到了两张 20 厘米 ×30 厘米的长方形酥皮。

制作蝴蝶酥。在一张千层酥皮上涂抹芥末酱并撒上奶酪碎。将长方形酥皮的一条长边卷到中间，再将另一条长边也卷到中间，使它们在中间汇合。用保鲜膜紧紧地包裹起来，冷冻 10 分钟，然后切成 1 厘米厚的片。将切好的蝴蝶酥平放在准备好的一个烤盘中。

制作千层酥棒。用杵和臼或搅拌器将橄榄、大蒜和鳀鱼碾或搅打成粗糙的糊，橄榄酱就做好了。将橄榄酱涂抹在剩下的一张千层酥皮上，再把酥皮切成12条宽2.5厘米的条。拿起一条酥皮，扭转几下，然后把扭好的千层酥棒放在第二个烤盘中。用同样的方法处理剩下的酥皮。

将蝴蝶酥和千层酥棒烤 10 分钟，或直至它们变得金黄、酥脆。趁热或在室温下享用。

准备时间：30 分钟；冷冻时间：10 分钟；烹饪时间：10 分钟

鹅肝酱松露巧克力

Foie gras truffles

　　我最喜欢的巴黎餐厅之一是一家名为"牛排"（Le Châteaubriand）的新派法式餐厅，尽管这家餐厅的主厨伊纳基·艾兹皮塔特经常心血来潮地做一些奇怪的食物（这里只有一种套餐）。艾兹皮塔特能够将他喜爱的异域美食与法国本土的美食结合起来，那些组合方法总是让我印象深刻。不过我最喜欢的是他制作的简单料理，它们经过特殊装饰后显得新颖而特别。

　　这里的鹅肝酱是我喜欢的一道前菜，它的表面撒了印度的糖衣茴香籽（mukhwas）。它是一种用植物种子和坚果制作的餐后小吃，味道甜而清爽，能够让人口气清新。这道料理的奇特的组合方式让我惊讶不已，而等我品尝的时候，就更惊喜了——要知道，鹅肝酱是我不喜欢吃的少有几种食物中的一种。这让我认真思考甜味食材和咸味食材的搭配问题，这也是我创作这道开胃菜的灵感来源。

• 200 克鹅肝酱 * 或鸭肝酱 • 2 大勺无糖可可粉
• 2 大勺碾碎的姜饼 • 2 大勺糖衣茴香籽

　　将鹅肝酱放在冰箱的冷冻室冷冻 10 分钟，直到它变得冰凉。

　　将冷冻过的鹅肝酱切成 15~20 块边长 1.5 厘米的块，分别揉成球形 **。将一部分小球放入装了可可粉的碗中滚一下，一部分放入装了姜饼碎的碗中滚一下，其他的放入装了糖衣茴香籽的碗中滚一下。再冷藏 30 分钟，或直至需要食用时。

　　用小点心纸托或甜点盘装好，搭配切成小三角形的吐司食用。

* 鹅肝酱是用鹅肝和鸭肝制作的，这些鹅和鸭是自然喂肥的，而不是强行喂食催肥的。

** 如果揉的时候鹅肝酱开始熔化，就把它放回冰箱冷冻一下，然后将你的手放在冷水里冷却一下再揉。

准备时间：20 分钟；冷冻时间：10 分钟；冷藏时间：30 分钟

牡蛎
Oysters

什么时候最适合吃牡蛎？牡蛎在温暖的季节（五月到八月）繁殖，这时它们肉肥多汁但味道一般；而在气温较低的非繁殖期（九月到十二月），牡蛎有一股新鲜的海洋的气味、质地紧实。就是这么简单。

购买和储存牡蛎

应购买贝壳紧闭、无破损的牡蛎，不要买已开口的牡蛎。将买来的牡蛎用湿纸巾包好放在冰箱的冷藏室中可以保存几天，而且牡蛎可以保持闭合的状态。不要把牡蛎放入密封容器或者淡水中，否则牡蛎会死。

给牡蛎去壳

用专用的牡蛎刀（也叫开蚝刀）去壳，它的刀刃较钝但刀尖很尖，而且有护手挡板。千万不要使用普通的刀，否则你很可能在去壳的时候划伤自己的手。

在自来水下将牡蛎刷洗干净。将一条毛巾对折用来保护你的手，将牡蛎较圆的一面朝下放在案板上。将牡蛎刀的刀尖插入牡蛎窄的一端，沿着缝隙左右摆动刀刃，使缝隙变大。等贝壳足够松动后，扭转刀刃，就像在转动钥匙打开门一样，这样可以使贝壳稍稍张开。

使刀刃与上面的壳齐平，沿着开口滑动，将上下两片贝壳分开，并割断上面贝壳中的牡蛎肉。

拿起上面的贝壳，取出牡蛎肉中的贝壳碎片，注意不要让其中的汁液流出来。

如果牡蛎肉闻起来腥臭，丢掉不要。刚刚打开的牡蛎应该有干净、清新和令人愉悦的海水味。

要想便于食用，你还可以用刀尖小心地割开附着在下面贝壳上的牡蛎肉。

吃牡蛎所需的调味品

热爱牡蛎的老饕反对用任何调味品来破坏牡蛎本身的味道，但是我更喜欢加几滴柠檬汁或传统的木樨草酱醋，这样才不会觉得自己吞下了满嘴的海水。我也喜欢用我喜欢的调味品来与牡蛎搭配，不要担心，它们不会掩盖牡蛎的味道。

一般来说，我会为每位客人准备至少 8 个牡蛎（法国人绝对喜爱吃牡蛎）。第127 页介绍的每份酱汁都适合搭配 12~15 个牡蛎（一个牡蛎只需大约 $\frac{1}{2}$ 小勺酱汁，这样才不会掩盖牡蛎本身的味道）。所有的酱汁都应该先冷藏 1 小时再使用。

木樨草酱醋

Mignonette

• 1 撮白糖 • 1 撮盐 • 2 大勺红酒醋 • 1 个冬葱，切成小丁

将白糖和盐溶入红酒醋中，然后加入冬葱丁并混合均匀。

卡尔瓦多斯苹果酒醋汁

Calvados apple mignonette

• 1 撮白糖 • 1 撮盐 • 1 大勺苹果醋
• 1 小勺卡尔瓦多斯苹果酒 • ¼ 个史密斯苹果，去核，切成小丁

将白糖和盐溶入苹果醋和苹果酒中，然后加入苹果丁并混合均匀。

西瓜黄瓜丁

Watermelon and cucumber brunoise*

• 1 撮盐 • 1 撮白糖 • 2 大勺米醋 • 4 大勺切成小丁的西瓜（去皮、去籽）
• 3 大勺切成小丁的黄瓜（去籽）

将白糖和盐溶入米醋中，然后倒入西瓜丁和黄瓜丁，混合均匀。

* "brunoise" 是法国的烹饪术语，指的是切得很小的丁。

蒜泥蛋黄酱配生蔬菜

Garlic mayonnaise with crunchy raw vegetables

蒜泥蛋黄酱配蔬菜是法国的一道传统菜，但是在这里，我没有按照传统的做法用煮熟的蔬菜来搭配蒜泥蛋黄酱，而用生蔬菜来搭配，这样吃起来格外爽口和清脆。

- 一些当季的生蔬菜（如胡萝卜、小萝卜、甜椒、菊苣叶和樱桃番茄等），足够 4 人食用即可

蒜泥蛋黄酱原料 • 1 片白面包，去掉表皮 • 4 大勺牛奶
• 4 瓣大蒜 • 1 个蛋黄 • 250 毫升橄榄油（不需要特级初榨橄榄油）
• 3 大勺柠檬汁 • 适量盐和胡椒粉

准备用来蘸酱的蔬菜，保留蔬菜的茎或柄，让外观更吸引人。

制作蒜泥蛋黄酱。把白面包放入牛奶中浸泡 10 分钟。

捞出面包，挤出多余的牛奶，然后用杵和臼把面包和大蒜捣成泥。加入蛋黄继续捣，然后加入橄榄油，每次加几滴，直到混合物变浓稠。最后，加入柠檬汁、盐和胡椒粉来调味。如果不马上使用，就将蒜泥蛋黄酱放入密封容器并放入冰箱冷藏，要在制作当天使用。使用前搅拌一下，因为蛋黄酱冷藏后会稍微凝固变硬。

上桌前，将蒜泥蛋黄酱放在小碗中，周围摆放要蘸酱的蔬菜。

准备时间：20 分钟

费南雪蛋糕

Aperitif financiers

据说，这种小蛋糕是在巴黎金融区开店的糕点师发明的。为了让他的主要客户群——金融家们喜欢，他把这些小蛋糕做成金砖的样子，并命名为"financier"（原意为"金融家"，中文音译为"费南雪蛋糕"，意译为"金砖蛋糕"——译者注）。

传统的费南雪蛋糕是甜的，但也可以做成咸味的来下酒。咸味蛋糕的馅料可以用你冰箱里的任何食材制作。你只要确保把蛋糕切成小块即可。

• 100 克黄油 • 75 克杏仁粉 • 30 克中筋面粉
• 1½ 小勺泡打粉 • ½ 小勺白糖 • 3 个鸡蛋，分离蛋白和蛋黄 • ½ 小勺盐

馅料原料 • 150 克奶酪、火腿、培根、橄榄、
樱桃番茄或剩余的烤蔬菜（只要是你喜欢的都可以）

将烤箱预热至 180℃，在费南雪蛋糕模 * 中涂抹黄油并撒上面粉。

将 100 克黄油放入锅中，用中火加热熔化。继续加热，直到黄油变成深棕色（这种黄油叫"焦化黄油"或"澄清黄油"），马上将锅从炉子上拿下来。

在一个碗中混合干性原料。在另一个碗中搅打蛋白和盐，直至蛋白软性泡发。

在第三个碗中搅打蛋黄，慢慢加入温热的黄油（如果黄油很烫，就会让蛋黄结块）。筛入干性原料，拌入 ½ 的打发蛋白，然后拌入馅料原料，再拌入剩下的打发蛋白。

将面糊舀入准备好的模具中，烘烤 12~15 分钟，或直至用手按压后蛋糕会回弹。从烤箱中取出蛋糕，不脱模，直接冷却。费南雪蛋糕最好在烘焙当天食用，不过装入密封容器中可以保存几天。

* 费南雪蛋糕模一般分为 20 个独立的格子，所以你需要烤两次才能做出 30 个蛋糕。我家有两种费南雪蛋糕模，一种是老式的金属模，需要在里面涂抹黄油并撒上面粉，另一种是新的硅胶模，不需要做上述防粘措施。你也可以用迷你塔盘代替费南雪蛋糕模，但这样你就不能做出标志性的金砖形蛋糕，也不能把它们称为"费南雪蛋糕"了。

准备时间：20 分钟；烹饪时间：17~20 分钟

茴香酒冰棍

Pastis popsicles

法国茴香酒有甘草和茴香的香味，一般用水稀释了饮用（酒与水的比例最好是4：6）。它通常被看作喜欢玩滚球的老年人的专用饮料。对我们这一代人来说，茴香酒过于老派，所以我觉得我应该往里面添加点儿东西，让它改头换面。想想古巴的莫吉托鸡尾酒在法国南部的演变吧。我想，把混合了其他原料的茴香酒冷冻成冰棍，用这些冰棍拉开一场酒会的序幕，应该会让人耳目一新吧。

• 1 把薄荷，只留下叶子 • 1 个表皮无蜡的柠檬擦出的皮屑和榨出的汁
• 1 小勺白糖 • 160 毫升柠檬汽水 • 40 毫升茴香酒

在 12 个半球形模具中分别放一片薄荷叶 *。把细细擦碎的柠檬皮放入一个水壶中，加入剩下的薄荷叶和白糖，用擀面杖或木勺的顶端捣碎。混入柠檬汽水、茴香酒和 20 毫升柠檬汁，将混合物用滤网过滤到另一个水壶中。

将混合物倒入模具中，冷冻 3 小时或直至冰块变硬。从模具中取出两块半球形冰块，合成一个球形后放回空的半球形模具中（要让两块半球形冰块直立）。往两块冰块之间插一根冰棍棒，然后淋上 1 小勺冷水以便它们粘在一起。用同样的方法制作另外 5 支冰棍。再冷冻 1 小时或一整夜，直到冰棍完全冷冻。

* 我用的硅胶模有 15 个半球形格子，如果你没有这样的模具，可以用普通的制冰格来制作 6~8 支冰棍（具体制作多少取决于制冰格的大小）。将混合好的液体倒入制冰格，然后放入冰箱冷冻一两个小时，直到冰棍处于半硬状态。从冰箱中取出制冰格，在每支冰棍正中插一根冰棍棒，然后再次放回冰箱，冷冻至冰棍完全变硬。

准备时间：20 分钟；冷冻时间：4 小时至一整夜

UNE PLANCHE À DÉCOUPER

LES ALLUMETTES

LE MOULIN À POIVRE

LA POÊLE

LE BEURRE

UN VERRE DE VIN

LE COUTEAU

LA COCOTTE

LE RÉCHAUD À GAZ

家庭晚餐

Dîner avec les amis
et la famille

LE MOULIN À POIVRE

LE TABLIER

UNE CUILLÈRE EN BOIS

LES ALLUMETTES

LE SEL

LE BOL

L'HEURE DU DÉJEUNER

LA POÊLE

LE BEURRE

L'HUILE D'OLIVE

UNE PLANCHE À DÉCOUPER

2010 年，法国大餐凭借鲜明的文化特色和独特的就餐礼仪被联合国教科文组织列入世界非物质文化遗产名录。

我刚搬到法国时，还不理解法国大餐为什么能够入选非遗名录。毕竟，还有许多国家的美食可以与法国大餐相媲美。然而，我渐渐发现，法国大餐不仅仅关乎烹饪，还关乎对美食的欣赏与鉴别。法国人了解他们国家的农产品，并且知道如何处理食材。最有说服力的例子就是法棍——它是法国的标志性食物，也是老百姓每天都要食用的食物。巴黎每年都会评选出本地区年度最佳法棍。就算是面包这样基本而且每个人都买得起的食物，法国人也会认真对待。他们不仅仅把制作面包看作一种技能，也看作一种艺术。

法国人从小就是这么理解食物的，无须教导。这就是他们的生活方式。正如联合国教科文组织在提名说明中所说的，法国大餐不仅仅与吃有关。它是一种将人们聚在一起享受美食和饮品艺术的盛宴，要遵守一种固定的结构：以开胃酒开始，以餐后酒结束，其间至少有连续的四道菜（前菜、主菜、奶酪和甜点）。菜肴还要与葡萄酒搭配。要优先选用当季的食材，最好是本地的，而非国外进口的食材。这并不令人惊讶。早在"饮食娱乐"（foodtainment）这个词出现前，法国名厨和大众美食媒体，比如数量惊人的美食杂志、电视美食节目、美食网站、美食博客和美食书等，就让法国人沉迷于烹饪艺术。

可是，法国人不只讨论和享用美食，还从真实的烹饪中享受乐趣。选择食材的艺术、处理食材的艺术以及精心摆盘的艺术，都为享用美食增添了乐趣。法国人对生活中所有美好的事物都满怀热情，对他们来说，与自己所爱的人一起分享家常菜是体会"生命之悦"最好的方式。

土豆梨奶酪格雷派饼

Potato and pear galette with Roquefort

带皮烤的土豆配熔化的奶酪是我们中学时代最好的午餐之一。没有比这更经典的组合了。这款略微精致（但做起来并不费力）的格雷派饼是我对儿时最爱的食物的致敬。

• 4 个蜡质土豆（比如毛里什•皮尔土豆或夏洛特土豆）• 1 个硬质的梨
• 100 克罗克福尔干酪或其他蓝纹奶酪

将烤箱预热至 180℃。将土豆去皮，切成 2 毫米厚的片。在烤盘上铺烘焙纸，将土豆片分成 4 份，分别紧密地码放在一起以形成长方形。将梨去皮，切成小块，撒在土豆片上，再撒上弄碎的奶酪。（奶酪要撒在每个长方形中间，否则它们熔化后会流到土豆片外。）烘烤 20 分钟左右，或直至土豆片变成金黄色并且边缘变脆。立即享用。

准备时间：20 分钟；烹饪时间：20 分钟

巴黎芦笋

Parisian asparagus

这道菜中的"巴黎"因子是其中的酱汁，阿勒曼德酱。它从根本上来说算一种丝绒浓酱（第 246 页），依靠蛋黄和少许奶油增稠，是荷兰酱的绝佳替代品。

• 盐和白糖各 1 撮 • 500 克芦笋，削去老茎

酱汁原料 • 30 克黄油 • 30 克中筋面粉 • 450 毫升温热的小牛肉高汤或牛肉高汤
• 2 大勺高脂厚奶油 • 2 个蛋黄 • 几滴柠檬汁
• 适量盐和白胡椒粉

制作酱汁。在一口大号的锅中加入黄油，开中火，使黄油熔化。加入面粉，用力搅打，直到混合物变成顺滑的糊（油面酱）。继续搅打，直到油面酱开始变成金黄色。将锅从炉子上拿下来，分次加入高汤，不断搅拌。

将锅放回炉子上，开中火，煮 10 分钟，其间不时搅拌均匀。如果混合物太浓稠，就再加一点儿高汤搅拌。

同时，将一大锅水煮沸。加入盐和白糖，再加入芦笋，煮 2 分钟，或直至芦笋变软。

从炉子上拿下煮酱汁的锅，加入高脂厚奶油和蛋黄并搅拌均匀。用柠檬汁、盐和白胡椒粉调味 *。

从锅中捞出芦笋沥干、装盘，将酱汁舀到芦笋表面和周围，立即享用。

* 这款酱汁做好后应该立即享用。不要重新加热酱汁，否则其中的蛋黄会凝固，在酱汁中结块。

准备时间：10 分钟；烹饪时间：20 分钟

焗烤菊苣火腿

Chicory with ham

人们看到这个配方往往会退缩，因为菊苣有时吃起来是苦的。购买时，要挑个头小的菊苣，它们比较结实，叶片紧紧地聚拢。这样的菊苣往往不那么苦。

• 4 棵菊苣 • 4 片火腿 • 适量盐 • 少许白糖

白酱原料 • 30 克黄油 • 30 克中筋面粉
• 500 毫升温热的牛奶 • ¼ 个洋葱，去皮 • 1 颗丁香
• 1 片月桂叶 • 白胡椒粉和肉豆蔻粉各 1 撮 • 适量盐

去除菊苣外面的叶子和茎，将菊苣放入加了盐和少许白糖的水中，小火煮10~15 分钟，直至菊苣变软。

煮菊苣的同时制作白酱。在大号的锅中加入黄油，开中火，使黄油熔化。加入面粉，用力搅打，直到混合物变成顺滑的糊。从炉子上拿下锅，冷却 2 分钟。然后慢慢地加入牛奶，不断搅拌。将锅放回炉子上，开中火，加入洋葱、丁香和月桂叶，煮 10 分钟，其间不时搅拌。如果混合物太浓稠，就再拌入一点点牛奶。

从锅中捞出菊苣，沥干。在每棵菊苣上包一片火腿，然后把它们分别放入单个的烤碗中（如果你喜欢，也可以放入一个大号烤碗中）。

白酱煮好后，关火，取出洋葱、丁香和月桂叶，然后加入白胡椒粉、肉豆蔻粉和盐调味。将白酱淋在菊苣上，使其完全覆盖菊苣，再将烤碗放在烤箱中，用上方的加热管烤几分钟，或直至白酱变成金黄色。

准备时间：15 分钟；烹饪时间：30 分钟

奶酪舒芙蕾

Cheese soufflé

关于舒芙蕾这款法国经典甜点，有许多神奇的传说，不过这些传说的产生主要归因于其中隐含的科学原理——是烘焙时产生的热量使蛋白中的气泡膨胀，从而使舒芙蕾膨胀。我们不必遵守由来已久的烘焙期间不得打开烤箱门的规定。除非真的开始冷却，否则舒芙蕾是不会坍塌的，就算它确实开始下馅，也会再次膨胀。毫不夸张地说，舒芙蕾和围绕着它的故事，都充满了热空气。

• 2 大勺软化的黄油，用于涂抹模具 • 4~6 大勺干面包屑 *
• 120 克蛋白（大约 4 个中号鸡蛋的蛋白）• 1 撮盐 • 几滴柠檬汁

奶酪酱原料 • 60 克蛋黄（大约 3 个中号鸡蛋的蛋黄）
• 满满 1 小勺第戎芥末酱 • 卡宴辣椒粉、肉豆蔻粉和盐各 1 撮
• 20 克中筋面粉 • 250 毫升牛奶
• 100 克格律耶尔奶酪、成熟的孔泰奶酪或者你喜欢的任何一种成熟的硬质奶酪，擦碎

制作奶酪酱。将蛋黄、芥末酱、辣椒粉、肉豆蔻粉和盐放入碗中，搅拌至轻盈而浓稠，然后加入面粉并搅拌均匀。将牛奶放入锅中，煮至沸腾，然后一点点地倒入蛋黄混合物中，其间一直快速搅拌。

将牛奶蛋黄混合物倒入一口干净的锅中，中火加热并不停搅拌。注意，一定要刮锅的内壁和锅底，否则混合物容易烧焦。一旦混合物开始变浓稠并且产生一两个气泡，就将锅从炉子上拿下来。

拌入擦碎的奶酪，尝一尝味道，有必要的话加盐调味——奶酪酱的味道可以略微重一些，因为之后还要加入蛋白。用保鲜膜覆盖奶酪酱，注意要将保鲜膜拍一拍，确保它直接接触奶酪酱。将奶酪酱放入冰箱冷藏至冷却（你可以提前两天准备好奶酪酱并冷藏）。

当我们准备制作舒芙蕾时，将烤箱预热至 200℃。在 4 个烤盅内涂抹软化的黄油，要从烤盅底部抹到顶部。检查一下，确保每个烤盅的内壁都完全被黄油覆盖。然后，在每个烤盅里加入满满 1 大勺面包屑，转动并倾斜烤盅，让面包屑均匀地覆盖其内壁。

将蛋白放入一个干净的玻璃碗或金属碗中，加入盐和柠檬汁，搅打至硬性发泡。将冰冷的奶酪酱搅打至顺滑，然后混入 ½ 的打发蛋白，翻拌均匀。再轻轻拌入剩下的打发蛋白。

》》》

将混合物分装到烤盅中，将每个烤盅的底部在工作台上磕一磕，确保混合物中没有大气泡。用抹刀（或大刀的刀背）沿着烤盅的顶部将混合物的表面抹平，然后擦掉滴落在烤盅外壁的混合物，不然它们会在烘焙过程中被烤焦。为了便于混合物膨胀，用你的拇指指甲沿着每个烤盅的边缘划一圈，使混合物边缘形成一道槽。

马上将烤盅放入烤箱中，将烤箱的温度降到180℃。烘烤15~20分钟，或直至舒芙蕾的体积比原来的增加了⅔，并且在移动时会晃动。立即享用。

* 若想面包屑有味道，可以混入1撮孜然粉、辣椒粉、干牛至或者细细切碎的百里香或迷迭香。

成功制作舒芙蕾的秘诀

• 要用黄油（从下往上涂抹）和面包屑覆盖烤盅内壁，否则混合物会粘在内壁上，无法顺利膨胀。

• 要确保蛋白和蛋黄完全分离。蛋白中有一点点蛋黄都难以搅打至硬性发泡。

• 不要使用塑料碗来搅打蛋白，因为塑料碗容易残留油脂。任何一点儿油脂都会阻碍蛋白硬性发泡。

• 确保烤箱预热至要求的温度。温度太低的话，混合物无法膨胀；温度太高的话，混合物在完全烤熟前其顶部会被烤焦。

准备时间：30分钟；冷藏时间：45分钟；烹饪时间：15~20分钟

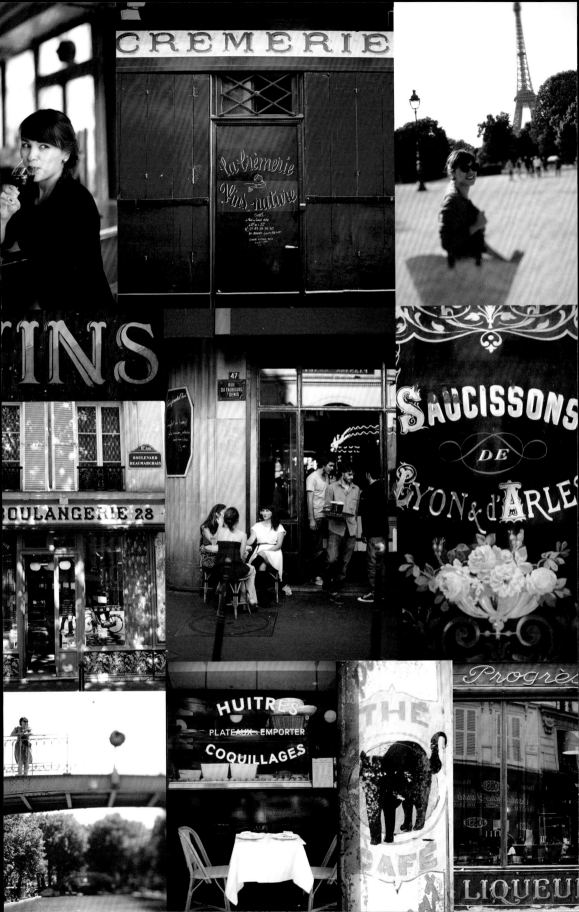

焗烤里昂丸子

Baked Lyon dumplings

里昂是法国的美食之都。这里有名厨保罗·博屈兹的餐厅，有法国最受欢迎的两大葡萄酒产区，罗讷河谷和博若莱。这里还有许多好吃的食物（特别是猪肉制品）和经典菜肴，比如奶油酱汁丸子。里昂的丸子并不是那种像铅球一样结实的丸子——打发蛋白让它们轻盈、膨松。

• 400 克生梭鱼肉 *，去皮、去骨 • 150 克软化的黄油 • 300 毫升牛奶 • 150 克中筋面粉
• 6 个鸡蛋，分离蛋白和蛋黄 • 1 小勺盐 • 胡椒粉、肉豆蔻粉各 1 撮 • 适量盐
• 1 把切碎的欧芹（可选）

酱汁原料 ** • 2 大勺干白葡萄酒 • 1 小勺鱼露
• 1 大勺番茄酱 • 150 克法式酸奶油 • 1 撮卡宴辣椒粉
• 1 撮白糖

将鱼肉和黄油放入搅拌器中搅打成糊。将牛奶煮至沸腾，转小火，加入面粉，用力搅打，使其成球形。冷却 5 分钟后，放入搅拌器中，与鱼肉糊和蛋黄一起搅打至顺滑。将蛋白搅打至软性发泡，然后拌入鱼肉混合物中，并用 1 小勺盐、胡椒粉和肉豆蔻粉调味。将鱼肉混合物倒在大号烤盘上，抹平后用保鲜膜盖好。冷藏一整夜。

第二天，将一大锅加了盐的水煮沸，并将烤箱上方的加热管打开，预热至最高温度。用 2 把比较深的大号勺子将鱼肉混合物整成丸子的形状。每做好一个，都把勺子放入温水中浸一下，这样可以防止鱼肉混合物粘在勺子上。

依次将做好的丸子放入沸水中（一次不要煮太多，以免锅内过于拥挤），煮 5 分钟，或直至丸子浮在水面。用漏勺将丸子捞出，放在烤盘中。捞的时候要小心，丸子很容易碎。

将酱汁原料混合在一起，倒在丸子上。把烤盘放入烤箱中，用上方的加热管烤 5~10 分钟，或直至表面的酱汁变成金黄色并冒泡。如果喜欢，你还可以在食用前在表面撒一些欧芹碎。

* 你可以用你喜欢的其他鱼肉甚至鸡胸肉代替梭鱼肉。

** 可以用白酱（第 246 页）或番茄酱（第 248 页）代替这款酱汁，或者不用酱汁，只在丸子上撒一些成熟的奶酪碎。

准备时间：45 分钟；静置时间：一整夜；烹饪时间：15~20 分钟

前菜：6人份

虾仁芦笋牛奶冻

Prawn and asparagus blancmange

中世纪时，人们用白色的鸡肉和去皮杏仁制作牛奶冻。在这道凉爽的牛奶冻中，清淡、微甜的虾仁与杏仁和芦笋搭配得十分和谐。这道菜非常适合在炎热的夏日享用。

- 1 大勺黄油 · 350 克生的、未去壳的大虾 · 适量盐 · 300 克芦笋，去除根部
- 400~500 毫升无糖杏仁奶 * · 1 小勺鱼露
- 1 撮卡宴辣椒粉 · 4 片吉利丁片（每片 2 克）

在一口较深的大号煎锅中加热黄油。放入大虾，煎 3 分钟，或直至虾变成金黄色。让虾冷却至便于处理，去壳、去头后将虾壳和虾头放回锅中。将虾仁从背部纵向切开，挑去虾肠。准备 6 个一次性的铝质纸杯蛋糕模（直径 5 厘米、深 4 厘米），在每个蛋糕模中分别放 4 片切开的虾肉，虾肉要切面朝内靠在蛋糕模内壁 **。将剩下的虾肉切成小丁。

切下芦笋的尖端，使其比蛋糕模略高，然后纵向切成两半。将剩下的芦笋切成小丁。将芦笋尖和芦笋丁放入加了盐的沸水中焯 1 分钟，或直至芦笋变软但略脆。捞出芦笋，在自来水下冲 1~2 分钟。将芦笋尖靠在蛋糕模内壁，要放在虾肉之间。

将 300 毫升杏仁奶、鱼露和辣椒粉放入装有虾壳和虾头的煎锅中。盖上锅盖，小火煮 10 分钟。将细眼滤网放在另一口锅上，过滤高汤，并用勺子背挤压滤出的虾壳，使尽可能多的高汤流入锅中。称量高汤，并加入适量的杏仁奶，使高汤的总量达到 300 毫升。尝一下味道，有必要的话加盐调味。

将吉利丁片放入冷水中浸泡 10 分钟，或直至变软。捞出沥干，挤出多余的水分，然后放入高汤中用力搅拌以使其溶解。（如有必要，小火加热并搅拌，直至吉利丁片溶解。）

将虾肉丁和芦笋丁分装到蛋糕模中，倒入高汤，冷藏 4 小时或直至高汤凝固。

上桌前，用一把刀沿着牛奶冻的顶部边缘划一圈，然后在蛋糕模上割两刀，以便剥掉蛋糕模。

* 你可以在一些大型超市、健康食品商店和网上商店买到杏仁奶。

** 或者使用铺了纸模的麦芬模，上桌前剥掉纸模即可。

准备时间：30 分钟；烹饪时间：25 分钟；静置时间：4 小时

扇贝萨芭雍

Scallop sabayon

甜味萨芭雍一向出现在甜点餐单中，而咸味萨芭雍在前菜或主菜中十分出彩。这个配方在食材的搭配上达到了美妙的平衡：萨芭雍的乳脂味、扇贝肉的天然甜味和芝麻菜的辛辣让一切变得完美。

· 12 个大扇贝的肉 · 2 大勺橄榄油 · 几把芝麻菜，用于装饰

萨芭雍原料 · 4 个蛋黄 · 100 毫升干白葡萄酒 · 白糖、盐各 1 撮

将扇贝肉用自来水冲洗后放在纸巾上，拍干备用。

制作萨芭雍。将蛋黄、葡萄酒、白糖和盐混合后隔水加热（装入耐热碗中，再将碗放在一口锅上，使锅里的水微微沸腾），同时不断搅拌，直至混合物变得浓稠和起泡，大约需要 10 分钟。用打蛋器在锅中画 8 字形测试一下——如果画出的 8 字形不会马上消失，就说明萨芭雍做好了。

将碗从锅上拿下来，用盖子或盘子盖好，放在温暖的地方备用，同时烹饪扇贝肉。

将橄榄油倒入一口大号煎锅，大火加热。等油冒烟后，倒入扇贝肉，并将火调至中火。将扇贝肉煎至一面金黄，大约需要 2 分钟。将扇贝肉翻面，加盐调味，继续煎至另一面金黄，并且质地略硬，需要 2~3 分钟。

将扇贝肉装盘，淋上萨芭雍，用芝麻菜装饰，立即享用。

准备时间：10 分钟；烹饪时间：20 分钟

洋葱烤布蕾

Onion crème brûlée

你肯定不会想到把洋葱放入烤布蕾里，但令人惊讶的是，它们搭配在一起味道非常好。小火慢慢煮熟的洋葱拥有天然的甜味，与烤布蕾的奶油味搭配十分和谐，而奶酪会为这道菜肴带来咸味。

• 4 个大洋葱（大约 350 克）• 1 团黄油 • 50 毫升卡尔瓦多斯苹果酒 • 275 毫升高脂厚奶油
• 175 毫升牛奶 • 5 个蛋黄 • 50 克格律耶尔奶酪或成熟的孔泰奶酪，细细擦碎 • 适量盐和胡椒粉

焦糖原料 • 30 克细白砂糖 • 30 克原糖

将洋葱细细切碎。在一口大号的锅中加热黄油，再加入洋葱翻炒 10 分钟，直至洋葱变成金黄色。加入卡尔瓦多斯苹果酒，煮 10 分钟，直至洋葱变透明。其间经常搅拌，以免洋葱变焦。加入高脂厚奶油和牛奶。煮至沸腾后，将锅从炉子上拿下来，放在一旁静置 30 分钟。

将烤箱预热至 110℃。将奶油混合物用滤网过滤到另一口锅中，并用力按压洋葱，挤出尽可能多的液体。丢掉洋葱。在一个大碗中，轻轻搅打蛋黄并拌入奶酪碎。将奶油混合物煮至沸腾，然后慢慢倒到蛋黄和奶酪碎上，不断搅拌。注意，不要搅拌过度，以免混合物产生太多气泡。加盐和胡椒粉调味。将混合物分装到 4 个烤盅（直径 13 厘米）中，再把烤盅放入深烤盘或焗盆中。

将烤盘放入烤箱中，在烤盘中倒入温水，使水没过烤盅的一半。烤 30~40 分钟，或直至布蕾边缘凝固但中央依然能略微晃动。从水中取出烤盅，等布蕾冷却后盖上保鲜膜（不要让保鲜膜接触布蕾）。冷藏 4 小时或一整夜（布蕾最多可以保存 4 天）。

上桌前，开始制作焦糖。先揭开烤盅上的保鲜膜，查看布蕾表面是否有凝结的水珠。如果有，就用纸巾轻轻地将水珠吸干。将两种糖混合均匀，然后均匀地撒在每份布蕾表面。将烤盅放在冷却架上，用烹饪用喷枪 * 在距离糖 10~12 厘米处加热，加热时喷枪要缓慢而平稳地移动，等糖快要焦化到所需的程度时立即停止加热（喷枪的火焰移开后，糖会继续升温几秒）。

* 烹饪用喷枪最适合制作烤布蕾表面的焦糖。但如果你没有喷枪，可以把一把大号金属勺子放在燃气炉上加热至滚烫（勺子会变成蓝色，最后近乎黑色），然后把勺子放在糖上并四处移动，这样勺子的热量会使糖焦化。

准备时间：30 分钟；静置时间：4.5 小时至一整夜；烹饪时间：1 小时

阿尔萨斯脆皮五花肉、香肠配泡菜

Alsatian pork, crackling and sausages with a 'speedy' sauerkraut

这是阿尔萨斯的一道冬日热菜。这道菜原本是用刚刚熏熟的猪肉炖煮的，不过我改良了一下，把它分成了三个部分：快速制成的爽脆泡菜、用烟熏培根熬煮的肉汤和烤猪肉。我很喜欢吃烤得酥脆的肉皮，所以把五花肉放入烤箱烤熟而非煮熟：用这两种方法烹饪的五花肉在味道上没什么区别，但是口感大不一样。

• 500 克猪五花肉，保留脂肪和猪皮 * • 适量盐，用于撒在五花肉上
• 4 根法兰克福香肠或其他烟熏香肠 • 4 片厚厚的烟熏培根

肉汤原料 • 200 克烟熏培根片 • 500 毫升冷水

速成泡菜原料 • 10 颗杜松子 • 100 毫升干白葡萄酒，最好是产自阿尔萨斯的
• 400 毫升冷水 • 100 克白糖 • 35 克盐 • 250 毫升白酒醋 • 500 克硬质白卷心菜，切成细丝

制作肉汤。将烟熏培根片和冷水放入锅中，盖上盖子，煮至沸腾后小火煮 30 分钟。用细眼滤网过滤肉汤。（肉汤可以提前制作好，放在冰箱里冷藏一整夜。）

制作泡菜。将杜松子放在一口干燥的锅中，加热。加入干白葡萄酒，煮至葡萄酒只剩几大勺的量，然后加入冷水，煮至沸腾。加入白糖、盐和白酒醋，转小火，搅拌至白糖溶解。将泡菜汁倒在装有卷心菜丝的塑料容器中，冷却后盖上盖子，冷藏 1~4 小时。（泡菜在密封容器中最多可以冷藏保存一周。保存时间越长，泡菜就越软，但依然很好吃。）

将烤箱预热至 250℃或最高温度，在一个烤盘中铺烘焙纸。用纸巾轻拍五花肉的肉皮以吸收水分 **，然后在五花肉上撒盐并按摩。将五花肉放入烤箱烤 10 分钟，然后将烤箱温度降至 180℃，再烤 1 小时。之后，加入香肠和烟熏培根片，再烤 30 分钟，中途要摇晃烤盘并将香肠和培根翻面；如果肉皮还没有变脆，就将烤箱温度调至 220℃。

上桌前，将肉汤煮至沸腾，并将烤得酥脆的五花肉切成 4 份。将五花肉分别装盘，再在每个盘子中分别摆放 1 片培根、1 根香肠和 1 勺泡菜，然后淋上 1 汤勺肉汤。搭配第戎芥末酱或带有颗粒的芥末酱以及煮熟或烤熟的新上市的小土豆食用。

* 必须在猪皮上切几道口子。可以让肉铺老板帮忙切，或者自己用非常锋利的刀切。不要切到肉。
** 为什么要擦干猪皮？猪皮越干，烤好后就越脆。

准备时间：40 分钟；冷藏时间：1~4 小时；烹饪时间：2.5 小时

豆焖肉汤配鸭肉香肠丸子

Cassoulet soup with duck and Toulouse sausage dumplings

　　我第一次看到的豆焖肉是超市里包装好的成品，而且我很快发现，法国人经常买现成的豆焖肉回去加热，而非在自家的厨房制作（因为它太花时间了）。我的配方囊括了豆焖肉的主要原料：鸭肉、图卢兹香肠、番茄、烟熏培根和白扁豆，但是无须花几小时炖煮。我的豆焖肉不再油腻，它的汤底和鸭肉香肠丸子都给这道菜带来了清爽的口感。

- 300 克烟熏培根片 • 50 克风干番茄，如果是浸泡在油中的，就漂洗干净
- 30 克干牛肝菌 • 1.75 升冷水 • 2 大勺番茄酱
- 1 小勺红糖 • 1 小勺盐 • 1/2 小勺胡椒粉
- 250 克罐装白扁豆，冲洗并沥干
- 2 根胡萝卜，切成薄圆片 • 几枝欧芹，用于装饰

鸭肉香肠丸子原料 • 300 克鸭胸肉，去掉脂肪和皮 • 1 瓣大蒜，切碎
- 1/2 个洋葱，切碎 • 1/2 小勺胡椒粉 • 300 克图卢兹香肠，去掉肠衣

　　将培根、风干番茄、干牛肝菌和水放入一口大号的锅中，煮沸后盖上盖子，小火煮 30 分钟。关火，取出培根、番茄和牛肝菌不要。拌入番茄酱，加红糖、盐和胡椒粉调味。可以尝一下味道来调节调料的用量。（这种肉汤装在密封容器中，最多可以冷藏保存 2 天 *。）

　　制作丸子。粗略切碎鸭胸肉，放入搅拌器中，加入蒜末、洋葱碎和胡椒粉，搅打成肉泥。用手将肉泥和去掉肠衣的克图卢兹香肠混合均匀，然后每次大约取 2 大勺做成丸子。（这些丸子装在密封容器中，最多可以冷藏保存 2 天 *。）

　　食用前，将肉汤加热至即将沸腾，加入白扁豆和胡萝卜片，小火煮 5 分钟（不要煮太长时间，否则豆子会碎）。同时，加热不粘煎锅，放入 1/2 的丸子煎 8~10 分钟，其间不时晃动煎锅，以防粘锅。取出煎好的丸子，再煎余下的丸子。将丸子分装到汤碗中，倒入肉汤，用欧芹叶装饰。

* 肉汤和生丸子都最多可以冷冻保存 2 个月。煎丸子前，要提前将冷冻的丸子从冰箱中取出解冻。

准备时间：30 分钟；烹饪时间：约 1 小时

普罗旺斯鱼汤

Provençal fish stew

　　这款汇集了普罗旺斯和马赛烹饪精髓的鱼汤使用了马赛最好的海鲜和普罗旺斯最具代表性的调料：茴香籽、藏红花和橙子。普罗旺斯鱼汤原本用料简单，但慢慢变得精致复杂，如今要包含三种鱼类和三种贝类。在马赛，人们先将汤与大蒜蛋黄酱和面包搭配食用，再吃汤里的鱼和蔬菜。我打算回归它的本源，减少海鲜的种类，让它变得简单但依然保留原本的味道。我没有使用整条鱼，而使用少刺的鱼肉块，这样害怕被鱼刺卡到喉咙的客人就不用担心了。

- 400 克你喜欢的鱼肉（我使用的是狗鳕鱼肉、青鳕鱼肉和鲑鱼肉），切成大块
- 500 克贻贝，洗净 • 500 克虾，去壳 • 适量盐和胡椒粉 • 几个小洋葱，切成薄片

大蒜蛋黄酱原料 • 2 瓣大蒜 • 1 个蛋黄
- 卡宴辣椒粉和藏红花丝各 1 撮 • 250 毫升葵花子油 • 适量盐

汤底原料 • 4 大勺橄榄油 • 1 个洋葱，细细切碎 • 4 瓣大蒜，捣成泥 • 2 大勺番茄酱
- 2 颗八角 • 1 小勺茴香籽 • 1 片月桂叶 • 3 枝百里香 • 1 个无蜡的橙子削下的皮
- 1 撮辣椒粉 • 1 小勺藏红花丝 • 1 根芹菜茎，切成薄片
- 1 个茴香根，切成薄片 • 3 个大番茄，粗略切碎 • 150 毫升干白葡萄酒
- 1 升鱼高汤 • 1 个橙子榨的汁（50 毫升）

　　制作大蒜蛋黄酱。在一个大碗中将大蒜捣成细腻的泥，加入蛋黄、卡宴辣椒粉和藏红花丝。慢慢滴入葵花子油，用力搅拌（你可以用电动打蛋器搅拌）。尝一下味道，加盐调味后盖好，放入冰箱冷藏至准备使用*。

　　制作汤底。在一口大号的锅中加热橄榄油，加入洋葱碎、蒜泥、番茄酱、八角、茴香籽、月桂叶、百里香、橙子皮、辣椒粉、藏红花丝、芹菜片、茴香片和番茄碎。炒至洋葱变软，然后加入葡萄酒，煮至葡萄酒只剩下一半的量。倒入高汤和橙汁，快速煮沸，再煮 10 分钟。把火调小，加入海鲜，然后盖上盖子煮 5 分钟，其间将锅晃动几次。尝一下味道，有必要的话加盐和胡椒粉调味，撒上洋葱，即可上桌。将大蒜蛋黄酱放入碗中，与烤得酥脆的面包一起上桌。

*大蒜蛋黄酱最好在使用当天制作，因为其中有生蛋黄。不过，你可以提前一天制作汤底，这样可以让汤底的味道更好。使用当天将汤底煮沸，加入海鲜即可。

准备时间：30 分钟；烹饪时间：25 分钟

干煎鲽鱼配柠檬黄油汁

Fish with lemon and brown butter sauce

干煎鲽鱼的做法是将鱼肉裹上面粉再煎。这样做能够起保护作用，防止鲜嫩的鱼肉被煎干。我用柠檬鲽来做这道菜（多佛鲽太贵了），但你也可以用太平洋大比目鱼或鲑鱼来做。如果你认识可靠的鱼贩，可以和他聊聊，听听他的推荐。这道菜可口的关键是用焦化黄油和柠檬汁制作的酱汁，而小酸豆和切碎的欧芹也为它带来了美妙的味道。

- 2 块柠檬鲽鱼肉（每块大约 150 克），去皮
- 3 大勺中筋面粉 • 1/2 小勺盐 • 1 撮胡椒粉
- 1 1/2 大勺葵花子油 • 45 克黄油，切成丁 • 1/2 个柠檬榨的汁
- 1 大勺切碎的欧芹 • 1 大勺小酸豆（可选）

检查鱼肉，用镊子拔出发现的鱼刺。

混合中筋面粉、盐和胡椒粉，撒在一个大盘子里。将鱼肉放在盘子里拍一拍，使其均匀地裹上面粉混合物，然后晃一晃，去掉多余的面粉混合物。

在一口大号煎锅中用大火加热葵花子油，等油冒烟了，放入鱼肉，使去过皮的一面朝上，将火调为中火。煎 1~2 分钟，直至被煎的那一面变成金黄色。再将鱼肉翻面，煎 1~2 分钟，直至这一面也变成金黄色 *。将鱼肉盛到温热的盘子中，用铝箔盖好。

用纸巾将煎锅擦干净，重新开中火。加入黄油丁，加热至黄油熔化并且变成浅棕色，关火，加入柠檬汁（往后站一些，以免被溅出的汤汁烫伤）。加入欧芹碎和酸豆（如果使用），搅拌一下。将鱼肉放入锅中，将汤汁舀到鱼肉上，然后马上出锅。

*稍薄的鱼肉每一面只需要煎 1~2 分钟。如果使用的是像鲑鱼肉这样较厚实的鱼肉（厚 2~3 厘米），那么每一面煎 3~4 分钟比较好。

准备时间：10 分钟；烹饪时间：10 分钟

红酒鸡肉串

Coq au vin on skewers

传统的红酒焖鸡要求将仔鸡放入红葡萄酒中炖几小时。我将这道菜改头换面，做成烧烤版的，并用红酒蘸酱来搭配。

• 750 克去骨鸡腿肉，不去皮 * • 150 克肥腊肉片或切成丁的烟熏培根
• 2 根大胡萝卜，切成大块 • 8 个新鲜小土豆 • 8 个珍珠洋葱，去皮，不切开 • 1 大勺红酒醋
• 1 大勺玉米淀粉 • 1 大勺白糖 • 适量盐和胡椒粉 • 8 个洋菇，清洗或剥去不干净的部分 • 1 大勺橄榄油

腌汁原料 • 2 瓣大蒜，细细切碎 • 1 个洋葱，细细切碎
• 1 团黄油 • 4 小枝百里香 • 3 片月桂叶 • 500 毫升红葡萄酒
8 根烤肉钎（如果是竹制的，就先在水中浸泡 1 小时再使用）

制作腌汁。在锅中加热黄油，放入蒜末和洋葱碎，煎至金黄。加入百里香和月桂叶，煎 1 分钟后加入红葡萄酒。煮至沸腾，然后转小火煮 10 分钟。晾凉。将鸡腿肉切成大块，和肥腊肉片一起放入大号塑料容器中，再加入已冷却的腌汁。盖上盖子，放入冰箱冷藏室腌至少 4 小时（最好一整夜）。

从腌汁中取出鸡腿肉和肥腊肉片，放在滤网上沥干。称量出 300 毫升腌汁，倒入一口锅中，放在一旁备用。在一口大号的锅中加适量水和盐，放入胡萝卜块、小土豆和珍珠洋葱，煮至沸腾。再煮 5 分钟，使蔬菜半熟，然后捞出，放在滤网上，用自来水冲洗 2 分钟。晾凉。

制作蘸酱。大火加热腌汁，使其浓缩至原来的一半，然后加入红酒醋。用一些水和玉米淀粉混合，调成薄芡后拌入锅中，使混合物沸腾 5 分钟，或直至混合物像高脂厚奶油一样浓稠。加入白糖，并用盐和胡椒粉调味。将保鲜膜直接盖在蘸酱上。使蘸酱保持温热，直至使用。

将鸡肉、肥腊肉片、半熟的蔬菜和洋菇交替穿在烤肉钎上。刷上橄榄油，放在烧烤架上（若在室内烹饪，则放入烤锅中）烤 5 分钟，其间经常翻面。要想检查鸡肉是否烤熟，可以将一块切开——烤熟的鸡肉应该没有肉汁流出，不是红色或粉色的。搭配蘸酱享用（若有必要，将蘸酱放入锅中或微波炉中重新加热）。

* 鸡腿肉比鸡胸肉香，而且更加鲜嫩多汁。你也可以使用去骨大鸡腿（鸡皮要保留）。选用鸡胸肉也可以，只要不将它们烤过头。

准备时间：1 小时；腌制时间：4 小时至一整夜；烹饪时间：约 30 分钟

柠檬薰衣草烤鸡

Lemon and lavender chicken

普罗旺斯的薰衣草田十分壮观，如果你不能亲自去观赏这一美景，用一点儿薰衣草来做菜也是很好的选择。只要用量适中，用薰衣草制作甜味或咸味的菜肴都很棒。千万不要过量使用薰衣草，否则你做的菜吃起来会像老奶奶用的肥皂。

• 1 只鸡，分割成 8~10 块 • 1 撮盐

腌汁原料 • 2 大勺干薰衣草 • 4 大勺橄榄油
• 4 大勺薰衣草蜜或普通蜂蜜 • 2 枝百里香
• 1 个表皮无蜡的柠檬擦出的皮屑以及榨出的汁

制作腌汁。用杵和臼或擀面杖将干薰衣草捣碎，放入大碗中，加入橄榄油、蜂蜜、百里香、柠檬皮屑和柠檬汁，混合均匀。

将鸡肉放入一个大号塑料容器中。将腌汁倒在鸡肉上，确保所有的鸡肉都被腌汁浸泡。盖好，腌 30 分钟（最多腌 4 小时）。

准备烹饪前，将烤箱预热至 200℃。将鸡肉和腌汁一起倒入烤盘中，撒上 1 撮盐。烤 45 分钟，中途将鸡肉翻面。要想检查鸡肉是否烤熟，将烤肉钎插入鸡肉最厚的部分——烤熟的鸡肉应该没有肉汁流出，不是红色或粉色的。

上桌前，将烤盘里的肉汁淋在鸡肉上。一盘爽脆的蔬菜沙拉和一些煮熟的小土豆非常适合搭配这道夏季菜肴。

准备时间：10 分钟；腌制时间：30 分钟至 4 小时；烹饪时间：45 分钟

鸡肉蘑菇配白酒汁

Chicken and mushrooms in a white wine sauce

制作这道经典菜肴时你决不会出错，而且白酒汁十分容易制作。你可以用新鲜的芳香植物，比如欧芹、龙蒿或莳萝，来给白酒汁增添香味。除了搭配鸡肉和蘑菇，你还可以用白酒汁来搭配许多其他食材。我喜欢用白酒汁搭配蒸鱼和水煮蔬菜（尤其是韭葱和土豆），用它来搭配吃剩的食物也是非常简便的——淋了白酒汁的烤鸡或烤火鸡真的很好吃。

• 1 团黄油 • 500 克鸡胸肉或火鸡胸肉，切成块
• 250 克洋菇，冲洗或剥去不干净的部分，然后切成片
• 1 把细细切碎的龙蒿或欧芹

白酒汁原料 • 30 克黄油 • 30 克中筋面粉 • 450 毫升温热的鸡高汤
• 125 毫升干白葡萄酒 • 4 大勺高脂厚奶油 • 1 小勺柠檬汁 • 适量盐和胡椒粉

制作白酒汁。在一口大号的锅中加入 30 克黄油，开中火，使黄油熔化。加入面粉，用力搅打，直到混合物变成顺滑的糊（油面酱）。继续搅打，直到油面酱开始变成金黄色。将锅从炉子上拿下来，分次加入高汤，不断搅拌。

将锅放回炉子上，开中火，煮 10 分钟，其间不时搅拌，确保混合物不粘在锅底并且烧焦。如果混合物太浓稠，就再加一点儿高汤搅拌。

加入干白葡萄酒，继续煮 10 分钟，从炉子上拿下锅，加入高脂厚奶油和柠檬汁并搅拌。用盐和胡椒粉调味。

煮白酒汁的同时，烹饪鸡肉。在一口大号煎锅中加入 1 团黄油，加热以使其熔化，直到锅中发出咝咝声。加入鸡肉煎几分钟，直至鸡肉变成金黄色。加入洋菇，再煎 5 分钟，或直至鸡肉熟透。

上桌前，将白酒汁、鸡肉和洋菇混合均匀，撒上一些新鲜龙蒿碎。搭配米饭或意大利面享用。

准备时间：15 分钟；烹饪时间：30 分钟

白汁小牛肉

Veal ragout

法国人喜欢把食材一股脑扔进锅里炖，红酒焖鸡、勃艮第红酒炖牛肉和蔬菜牛肉浓汤就是这样的经典菜肴。白汁小牛肉也是如此，而且它比其他炖菜更容易制作，因为我们不必考虑给肉上色的问题。

这道菜的传统做法是，将高汤与蛋黄和奶油混合在一起制成浓稠的白汁，但是既然我们想花最少的精力做这道菜，那为什么不用少许法式酸奶油(请选用全脂的)、一些橙子皮屑和黑胡椒来制作非常"简陋"的酱汁呢？往高汤里放橙子皮是我认识的一位调酒师告诉我的小窍门。

- 1 千克小牛胸肉，带皮 • 10 个珍珠洋葱，去皮
- 6 根胡萝卜，切成块 • 1 片月桂叶 • 1 枝迷迭香 • 1 枝百里香
- 10 颗胡椒粒 • 1 束欧芹 • 2 个表皮无蜡的橙子削下的表皮
- 10 个洋菇，冲洗或剥去不干净的部分 • 适量盐

酱汁原料 • 100 克法式酸奶油 • 1 个表皮无蜡的橙子擦出的皮屑 • 适量盐和胡椒粉

将烤箱预热至 160℃。将牛肉、蔬菜、芳香植物和橙子皮屑等（洋菇除外）放入一口大号耐热锅中。倒入冷水，直到没过牛肉和蔬菜，然后盖上锅盖，放在烤箱中烤 2 小时。

从烤箱中取出锅，捞出牛肉、洋葱和胡萝卜，放在一旁备用。在一个碗上放细眼滤网或咖啡滤纸，然后将锅中的高汤过滤一遍（去除其中的杂质）。

将过滤好的高汤倒入一口干净的锅中，放入牛肉、洋葱、胡萝卜和洋菇。小火煮 5 分钟，或直至洋菇熟透。尝一下味道，有必要的话再加一些盐。

制作酱汁。混合法式酸奶油和橙子皮屑，用盐和胡椒粉调味。

从锅中捞出牛肉，切成片。为每位客人准备一片牛肉、一大勺蔬菜、一汤勺高汤和一份酱汁。用这道炖菜搭配煮土豆、米饭或意大利面都很不错。

准备时间：20 分钟；烹饪时间：约 2.5 小时

勃艮第红酒炖牛肉配法棍丸子

Burgundy beef with baguette dumplings

法国不同地区的人们分别用当地产的红葡萄酒来做这道菜，所以你也可以不使用勃艮第的红酒。从我开始积攒法棍吃剩下的两端，我就产生了制作法棍丸子的想法。它们很适合代替土豆丸子，因为它们和土豆丸子一样容易吸收炖菜里的汤汁。

- 900 克牛小腿肉或牛瘦肉，切成 6 大块 • 2 大勺中筋面粉 • 2 大勺植物油
- 150 克肥腊肉片或切成丁的烟熏培根 • 10 个珍珠洋葱或冬葱，去皮 • 2 瓣大蒜，拍扁
- 1 片月桂叶 • 1 束欧芹 • 1 枝百里香 • 1 枝迷迭香 • 3 颗丁香 • 10 颗胡椒粒，碾碎 • 500 毫升红葡萄酒
- 300 毫升水 • 1 大勺番茄酱 • 1 撮白糖 • 10 个褐色洋菇 • 切碎的欧芹，用于装饰 • 适量盐

丸子原料 • 200 克隔夜法棍或其他面包（包括面包皮）• 250 毫升牛奶 • 1 撮肉豆蔻粉
- 适量盐和胡椒粉 • 1 把切碎的欧芹 • 1 个鸡蛋 • 1~2 大勺中筋面粉 • 1 团黄油，用于煎丸子

将烤箱预热至 150℃。在每块牛肉表面撒面粉。在一口大号砂锅中加入植物油，用大火加热，分批煎牛肉，直至牛肉颜色变深。取出煎好的牛肉，然后加入肥腊肉片、珍珠洋葱、大蒜、月桂叶、欧芹、百里香、迷迭香、丁香、胡椒粒翻炒，直至肥腊肉片和洋葱颜色变深。将牛肉放回锅中，加入红葡萄酒、水、番茄酱和白糖。将粘在锅边的变焦的原料刮到锅中——它们将为这道菜增添风味。

给砂锅盖上锅盖，放入烤箱烤 3 小时，或直至牛肉变软，几乎一戳就烂 *。

将法棍切成小丁，放入一个碗中。将牛奶煮至沸腾后倒在法棍丁上，搅拌，让法棍丁均匀地吸收牛奶，然后盖好碗，静置 15 分钟。接着，用肉豆蔻粉、盐和胡椒粉调味，再拌入欧芹碎和鸡蛋，并混入 1 大勺面粉。如果混合物太稀，就再加 1 大勺面粉。用水将双手打湿，以免面糊粘在手上，然后制作 12~14 个丸子（比高尔夫球略小即可）*。

大约在牛肉炖好前 20 分钟，往砂锅中加入洋菇，并用盐调味。在一口大号煎锅中放入 1 团黄油，用中火使其熔化后开始煎丸子，大约煎 5 分钟，或直至丸子颜色变深并且表面焦脆。然后捞出丸子，沥去多余的油。用欧芹碎装饰炖牛肉，搭配煎丸子食用。

* 可以提前一天炖牛肉，这样可以让牛肉更入味。第二天重新加热炖牛肉时，在牛肉汤稍微变热前加入蘑菇（不要等牛肉汤沸腾再加）。煎好的丸子放入密封容器中，冷藏可以保存 2 小时。

准备时间：45 分钟；静置时间：15 分钟；烹饪时间：3 小时

　　居住在巴黎最美妙的一件事是，这里有许多独立经营的杂货店，我可以用我能够负担的价格购买食材。我很幸运，因为在我的公寓附近就有一家家族经营的非常棒的肉铺。肉铺的员工对于挑选肉类很有一套，而且总是乐于向顾客提供烹饪肉类的建议。

迷你惠灵顿鹿肉

Mini Venison Wellington

我曾经用传统的蘑菇馅和千层酥皮制作过许多次惠灵顿牛排，但后来我发现用鹿肉、红洋葱和雅文邑白兰地做的惠灵顿鹿肉同样很棒，肉的焦香与洋葱本身的甜味搭配特别和谐。

• 4 片鹿肉（或牛排），每片重约 175 克、厚 2 厘米 • 适量盐和胡椒粉 • 3 个大号红洋葱，切成薄片
• 2 团黄油 • 1 撮白糖 • 1 大撮盐 • 2 大勺雅文邑白兰地 • 500 克千层酥皮或牛角包面团 *，切成正方形
• 3 大勺第戎芥末酱 • 1 个鸡蛋，与 2 大勺水混合，用于刷在面团上

将大号不粘煎锅放在炉子上，尽量加热至最高温。将盐和胡椒粉仔细涂抹在鹿肉上。等煎锅开始冒烟，放入鹿肉，每面煎 30 秒。取出鹿肉，放在一旁备用。使用同一口煎锅，开中火，熔化黄油，再加入洋葱片、白糖和盐，翻炒 20 分钟，直到洋葱片焦黄并且变软。加入雅文邑白兰地，继续加热 10 分钟，其间不时搅拌，直到洋葱变干。冷却 10 分钟后搅打成顺滑的糊。将洋葱混合物放入冰箱冷藏 1 小时左右，直至冷却（也可以放入冷冻室以加快冷却速度）。

将 ¼ 张千层酥皮放在两张烘焙纸之间，用擀面杖擀成 5 毫米厚的长方形。把它横向平分成两半，得到 2 张比鹿肉稍大的正方形酥皮。用同样的方法处理剩下的酥皮，最后得到 8 张酥皮。将烤箱预热至 200℃，在一个烤盘中铺烘焙纸。

在一片鹿肉的两面刷一些芥末酱，然后将鹿肉放在一张正方形酥皮中间。在鹿肉上放满满 1 大勺洋葱混合物，再在酥皮边缘刷蛋液，然后盖上另一张酥皮。按压酥皮边缘以封口，然后切去多余的酥皮，使酥皮边缘宽 1 厘米，最后用叉子在边缘压出褶皱。用同样的方法处理剩下的酥皮和鹿肉。在每个"包裹"顶部切一个小小的十字，并在酥皮上刷蛋液。将"包裹"放入预热好的烤箱中烤 12 分钟，使鹿肉三分熟 **。将"包裹"从烤箱中取出，盖上铝箔，冷却 5 分钟后即可食用。

* 如果没有时间亲自制作，我会从面包店甚至超市购买千层酥皮和牛角包面团。注意，要购买纯黄油制作的（不含棕榈油、乳化剂或其他食品添加剂）。

** 如果你有肉类温度计，可以把它插入酥皮上的十字形切口中，测量鹿肉内部的温度。温度达到 55~59℃的肉三分熟（中心呈红色），60~66℃的肉五分熟（中心呈粉色），67~71℃的肉七分熟（全部呈灰褐色）。

准备时间：30 分钟；冷藏时间：约 1 小时；烹饪时间：45 分钟

牛颊肉版蔬菜牛肉浓汤

Beef cheek 'pot-on-the-fire'

几乎每个国家都有一道著名的炖菜，它们都是通过几小时的炖煮获得美妙滋味的。法国人十分擅长烹饪他们的蔬菜牛肉浓汤，会用这道简单的炖菜做出两道菜来：颜色较深、味道可口的肉汤可以充当前菜上桌，之后牛肉和蔬菜作为主菜上桌，搭配传统的调味品——芥末酱、酸黄瓜和盐——供人们享用。

上午 10 点左右将锅放在炉子上开始炖，到晚餐时蔬菜牛肉浓汤刚好能够上桌。提前一天炖好浓汤也可以，上桌前小火将它加热即可。谁说一定要在厨房里忙得团团转才称得上法国的完美"煮妇"？

- 2~3 块牛颊肉 *（总重量为 1.5 千克），去掉脂肪，并将每块肉对半切开
- 1 千克牛尾或小牛膝，剁成小块 • 1 个香料包（包含 2 片月桂叶、2 枝百里香、6 枝欧芹、10 颗胡椒粒和 5 颗丁香）• 2 个洋葱，不去皮，每个切成 4 等份
- 2 根芹菜 • 2 根胡萝卜 • 1 个萝卜，对半切开

装盘所需原料 • 4 根胡萝卜，每根切成 4 等份 • 3 个萝卜，每个切成 4 等份
- 10 个珍珠洋葱（去皮，不切开）或 2 个普通洋葱（切成 4 等份）
- 适量盐和胡椒粉 • 1 片月桂叶，用于装饰

将牛肉和骨头放入一口大号汤锅中，加冷水没过牛肉和骨头，小火加热至即将沸腾。捞出牛肉和骨头，倒掉水，然后用冷水冲洗牛肉、骨头和汤锅以去除杂质。

将牛肉和骨头放回洗净的汤锅中，再次加冷水没过牛肉和骨头，小火慢慢加热。撇去表面的浮沫，然后加入香料包、洋葱、芹菜、胡萝卜和萝卜。继续用非常小的火加热（使温度在 80℃ 左右），不要盖盖子，直到牛肉变软、几乎一戳就烂。这需要 6~8 小时。确保锅中的水一直没过牛肉，有必要的话可再加一些冷水。

牛肉煮好后，从汤锅中捞出牛肉和牛骨。在一个碗上放细眼滤网或咖啡滤纸，然后将锅中的肉汤过滤一遍（丢掉留在滤网上的蔬菜和香料包）。

准备上桌前，将过滤好的肉汤倒入干净的汤锅中，加入牛肉和新鲜的蔬菜（胡萝卜、萝卜和洋葱）。小火煮 30 分钟，或直至蔬菜熟透。尝一下味道，加盐和胡椒粉调味，最后放入 1 片月桂叶作为装饰。

上桌后，将牛肉、蔬菜和少许肉汤舀入几个碗中，在客人手边摆放调味品（法式芥末酱、酸黄瓜、粗海盐等）和几碗香辣青酱和奶油酱（第 182 页）。

>>>

若提前一天制作好蔬菜牛肉浓汤：

将肉汤和牛肉分别装入密封容器，放入冰箱冷藏一整夜。第二天，肉汤会凝固，变得像果冻一样，其中的固体会沉淀在底部，形成颜色较深的一层。将上层清澈的"果冻"舀到一口汤锅中，放入牛肉和新鲜蔬菜并小火加热，直到"果冻"熔化。假如肉汤不够多，难以没过牛肉和蔬菜，就加入少许水，小火煮 30 分钟，或直至蔬菜熟透。尝一下味道，加盐和胡椒粉调味。用这种方法可以制作出清澈的肉汤。

* 如果你打算按照传统的方法，用牛肋排、牛肩肉或牛腿肉炖汤，就要请肉铺老板用细绳子将其绑起来，以防牛肉在炖煮过程中散开。如果你有家禽肉、野味或带骨头的羊肉，可以用它们来代替牛颊肉和牛尾。烹饪时间根据肉块的大小和种类而有所不同，比如，一整只鸡分割成 8~10 块的话，需要 1 小时才能炖熟（加入新鲜蔬菜后，还要再炖 30 分钟）。

准备时间：30 分钟；烹饪时间：6.5~8.5 小时

香辣青酱
Spicy green sauce

• ½ 个比较长的红辣椒 • 1 瓣大蒜 • ½ 束皱叶欧芹（保留茎）
• 5 大勺红酒醋 • 5 大勺橄榄油 • 1 小勺白糖 • 适量盐（可选）

将除了盐以外的所有原料搅打成浓稠的糊。尝一下味道，如有必要，加盐调味。将香辣青酱放入冰箱冷藏至需要使用时（放入密封容器中可以冷藏保存几天）。

奶油酱
Cream sauce

• 250 克法式酸奶油 • 10 根酸黄瓜，细细切碎 • 1 小勺第戎芥末酱
• 1 小勺白糖 • 2 大勺柠檬汁 • 适量盐（可选）

将除了盐以外的所有原料混合均匀。尝一下味道，如有必要，加盐调味。将奶油酱放入冰箱冷藏至需要使用时（放入密封容器中可以冷藏保存几天）。

法式炖牛肉法士达

French beef stew fajitas

炖牛肉法士达虽然听起来不像法国菜，但它本质上确实是——将吃剩的蔬菜炖牛肉包裹在墨西哥玉米饼里，再加上一些爽脆的蔬菜即可。我自己制作墨西哥玉米饼，不过你可以去超市买现成的。

• 3 大勺橄榄油 • 200 克吃剩下的蔬菜牛肉浓汤（第 181 页）中的肉，用叉子戳散

• 2 根胡萝卜，削成薄片或切碎 • 1/2 个紫甘蓝，切成细丝

墨西哥玉米饼原料 • 300 克中筋面粉 • 1 小勺泡打粉

• 1 小勺盐 • 200 毫升温热的牛奶 • 2 大勺植物油

装盘所需配料 • 奶油酱和香辣青酱（第 182 页）

制作墨西哥玉米饼。将中筋面粉、泡打粉和盐放入碗中，加入牛奶和植物油，用指尖混合所有原料。等面团成为黏手的球时，将它放到撒了面粉的工作台上揉 5 分钟。它会变得不那么黏手，所以你不必在刚开始揉面时加太多面粉。在一个碗中抹油，放入揉好的面团，然后用保鲜膜盖好。静置 20 分钟。

将一口大号不粘煎锅放在炉子上，用中到大火加热。将面团平分成 6 份并整成小球，在工作台和擀面杖上撒少许面粉，将一个小面团擀成小而薄的饼（直径大约 15 厘米、厚 2 毫米）。

将擀好的饼放入锅中，每面煎大约 1 分钟，直至变成金黄色。用同样的方法制作 6 张饼，然后用铝箔将饼包好，放入温热的烤箱以便保温，等到需要上桌前再取出。

在一口大号锅中用中火加热 1 大勺橄榄油。加入戳散的牛肉翻炒几分钟，直到牛肉变热并且微焦。炒牛肉的同时，将胡萝卜片和紫甘蓝丝放入一个碗中，用剩下的 2 大勺橄榄油搅拌均匀。

上桌前，在每张饼上涂抹 1 小勺奶油酱，再放上一些牛肉和蔬菜，并淋上香辣青酱。当然，你也可以直接将分别装有牛肉、蔬菜、奶油酱和香辣青酱的碗端上桌，让客人自己动手搭配。

准备时间：20 分钟；静置时间：20 分钟；烹饪时间：15 分钟

牛排配烤根茎类蔬菜

Steak and root-vegetable fries

多汁的牛排和酥脆的蔬菜搭配，会让你垂涎欲滴。做牛排的牛肉分为许多种，比如排骨肉（肋眼牛排）、腰内肉（菲力牛排）、腰腹部细肉（侧腹横肌牛排）、后臀肉（臀肉牛排）、胸脊肉（西冷牛排），但是它们的烹饪方法是一样的（先煎再烤），除非牛排不足 1 厘米厚或者你打算生吃。因此，你要做的事情不多，除了在烹饪好后将牛排静置一下——这会让牛排的品质发生翻天覆地的变化。

• 1 块肋眼牛排（大约 500 克）• 适量盐和胡椒

配菜原料 • 25 克杏仁粉 • 2 大勺葵花子油 • 适量盐和胡椒粉 • 1 个红薯，切成细条
• 1 个欧防风，切成细条 • 1 根大胡萝卜，切成细条

制作配菜。将烤箱预热至 200℃。在一个大碗中，混合杏仁粉、葵花子油、½ 小勺盐和一些胡椒粉。把切好的蔬菜放入碗中晃动，然后倒入烤盘中，铺开。烤 30 分钟，或直至蔬菜变得酥脆，中途需取出烤盘摇晃，以使蔬菜均匀受热。

在牛排两面都撒上盐和胡椒粉。用大火加热不粘煎锅。把手放到煎锅上方，等感觉到热气烫手，将牛排放入锅中，每面煎 2 分钟。将煎过的牛排放在烤蔬菜的烤盘中，和蔬菜一起烤 5~10 分钟，具体烤多长时间取决于你希望牛排几分熟 *。等牛排达到你希望的熟度后，用铝箔将牛排包好，放在温热的盘子中静置 10 分钟。

上桌前，打开铝箔，将牛排切成两半。牛排可以直接与配菜搭配，如果你喜欢，也可以加芥末酱或塔塔酱（第 250 页）。

* 牛排的熟度大致可以分为四个级别。要想测试牛排是否达到你喜欢的熟度，你可以用手指按压牛排来感觉一下（见下文），也可以用肉类温度计来测量其中心的温度。
一分熟　把拇指和食指捏在一起，另一只手的手指按压拇指根部，它的硬度应该和一分熟牛排差不多。这样的牛排只需煎一下，不必放入烤箱烘烤。颜色：非常红。中心温度：52~55℃。
三分熟　像检查一分熟牛排那样，不过这次要求拇指和中指捏在一起。牛排要煎一下，然后放入烤箱烤。颜色：中心是红色的。中心温度：55~60℃。
五分熟　像检查一分熟牛排那样，不过这次要求拇指和无名指捏在一起。牛排要煎一下，然后放入烤箱烤。颜色：中心是粉色的。中心温度：60~66℃。
七分熟　像检查一分熟牛排那样，不过这次要求拇指和小指捏在一起。牛排要煎一下，然后放入烤箱烤。颜色：全部是灰褐色的。中心温度：67~71℃。

准备时间：20 分钟；静置时间：10 分钟；烹饪时间：30 分钟

汽水版香橙鸭

Duck with fizzy orange

有一次，我受邀去主厨让－弗朗索瓦·皮耶家共进晚餐，听他谈他的工作经历。他之前在克里龙酒店工作，喜欢做精致华丽的菜肴；如今他在图米厄酒店工作，变得喜欢做简单和家常的菜肴。他给我讲了个有意思的故事：一个星期天，他的妻子想在午餐时吃香橙鸭，可是他在附近的商店只买到了橙子汽水，所以他用汽水做了一款酱汁来搭配鸭肉。我不知道他是怎么做汽水版香橙鸭的，下面是我自创的版本。

• 4 只鸭腿 • 100 毫升橙子汽水 • 2 大勺君度橙味利口酒
• 1 撮盐 • 1 小勺红酒醋 • 4 个橙子，切成瓣，去掉内膜

腌汁原料 • 1 个表皮无蜡的橙子擦出的皮屑和榨出的汁 • 1 大勺橄榄油
• ½ 小勺孜然粉 • 1 小勺盐

制作腌汁。混合橙子皮屑、橙子汁、橄榄油、孜然粉和盐。

将腌汁刷在鸭腿上，腌至少 1 小时（或将鸭腿放入冰箱冷藏一整夜）。

将烤箱预热至 170℃。将鸭腿和腌汁一起倒入烤盘中，烤 1 小时。中途取出烤盘，将烤盘中的液体涂抹在鸭腿上。

上桌前 15 分钟，将橙子汽水和橙味利口酒倒入用大火加热的大号煎锅中，转小火，煮至混合物的体积减小一半。拌入盐和红酒醋，然后加入橙子。继续用小火煮 5 分钟。

将橙子和汽水混合物倒在烤鸭腿上，趁热享用。一份制作方法简单的水田芥沙拉或野生芝麻菜沙拉非常适合与这道菜搭配。

准备时间：20 分钟；腌制时间：1 小时至一整夜；烹饪时间：1 小时

鸭胸肉红菊苣覆盆子沙拉

Duck breast with an endtive and raspberry salad

尽管这道菜的色彩非常丰富——红色的覆盆子和红菊苣搭配粉色的鸭肉——但这并不是我将这几种原料放在一起的原因。真正的原因是，覆盆子的酸味和红菊苣的苦味可以减轻鸭肉的腥味。

- 2 大块鸭胸肉，保留鸭皮 • 适量盐和胡椒粉
- 4 棵小红菊苣
- 8 大勺特级初榨橄榄油 • 4 大勺覆盆子醋
- 1 小篮覆盆子

去掉鸭胸肉上的脂肪，在鸭皮上划几刀，然后在鸭胸肉两面都抹上盐和胡椒粉。

用大火加热大号煎锅。把手放到煎锅上方，等感觉到热气烫手，将鸭胸肉放入锅中，使带皮的一面朝下，转中火。煎 4~5 分钟后翻面，再煎 4~5 分钟，或直至鸭胸肉变成金黄色并且达到你喜欢的熟度（参见第 187 页）。你可以将煎出的油脂沥去，但是千万不要丢掉——用它煎的土豆好吃极了。从锅中取出煎好的鸭胸肉，用铝箔包好，放在温热的盘子中静置 10 分钟。

同时，清洗并沥干红菊苣。如果叶子太大，就将它们切成小片。将红菊苣放入一个大碗中，淋上橄榄油、覆盆子醋，并用盐和胡椒粉调味。混合均匀，然后与覆盆子一起分装在 4 个盘子中。

将鸭胸肉切成非常薄的片，分装到盘子中。这道菜可以搭配酥脆的面包（用面包吸收盘中剩下的酱汁），也可以搭配土豆丁（将煮熟的土豆切成丁，再用鸭油煎一下）。

准备时间：20 分钟；静置时间：10 分钟；烹饪时间：8~10 分钟

LES AMANDES

 LE SUCRE

 LA FRAISE

 LA GOUSSE DE VANILLE

 L'ORANGE

 LA MARYSE

 LA FARINE

 LE LAIT

 LE ROMARIN

 LE CAFÉ

 LE BLANC D'ŒUF LE JAUNE D'ŒUF

 LES CERISES

 LE ROULEAU À PÂTISSERIE

 LA POIRE

法式甜点

Gourmandises

 LA CRÈME CHANTILLY

 LA FARINE

 LE FOUET

 LE ROULEAU À PÂTISSERIE

 LA GOUSSE DE VANILLE

 LE ROMARIN

 LE SUCRE

 LA RHUBARBE

 LES AMANDES

 L'ORANGE

 LA MARYSE

 LA FRAISE

 LES TOMATES CERISE

 LE THÉ

许多旅居巴黎的外国人都是因为爱情留在这里的。然而，我并不是因为某位迷人的法国男士而打包行李、跨越英吉利海峡来到这里的。在巴黎游学时，我深深地被街边橱窗里各种形状和大小的法式蛋糕吸引。裹着糖衣的蛋糕在糕点店的橱窗里闪闪发亮，向我许下甜蜜的承诺，让我的味蕾欣喜不已。毫不夸张地说，我恨不得舔橱窗的玻璃。

可是，吃到这些甜点并不能让我满足，我希望找到制作它们的秘诀。因此，我报名进入巴黎的法国蓝带国际学院学习。在那里，我先学会听从主厨的指令，之后才被允许靠近厨房。耗费了几百个鸡蛋以及一大堆黄油、白糖和面粉后，我学会了制作一些我曾经在糕点店橱窗里看到过的甜蜜美味。

我很快学会的一件事是，制作那些甜点必须严格按照配方操作，不像烹饪菜肴那样可以按照你自己的口味调整。制作大多数的法式甜点前，你必须称量原料。甜点制作是一门科学。如果某种原料的分量过多，你的成品很有可能惨不忍睹。法式甜点所需原料的种类并不多，用黄油、白糖、鸡蛋和面粉通常就足以制作出能够满足所有人味蕾的美味。

法式甜点制作是建立在几个关键配方和技巧的基础之上的。某些基础配方，比如糕点奶油或酥皮面团的配方，被认为是制作法式甜点的"砖瓦"。等你掌握了一些配方，你就可以轻松地调整这些配方，制作出大量其他甜点。

本章囊括了大量法式甜点的配方，它们有些简单，有些稍微复杂一些。比较复杂的甜点配方可以分解成几个比较简短的配方（这些配方在某些情况下就是独立的配方，可以制作简单的甜点）。不要被配方的长度吓倒。花点儿时间通读配方，准备好工具，称量好原料，你就可以开始制作了——这就是我在烹饪学校学到的诀窍！只要练习几次，你就能够用一些关键配方自创法式甜点了。

咖啡甜点套餐
Café Gourmand

小酒馆和餐馆在菜单中添加咖啡甜点套餐可以说是非常明智的做法。我在点餐时常常难以决定点哪种甜点，但是自从有了咖啡甜点套餐，我就能够一次吃到三种迷你甜点，而非只选择一种。这对我这样的选择困难者来说无疑是完美的解决方案。

要制作下面的三种迷你甜点，你要准备 1 份糕点奶油（第 252 页），这需要你提前一天制作好并放在冰箱里冷藏保存。慕斯和乳脂松糕可以提前一天制作，但是迷你水果塔最好不要提前太久制作，否则底部的酥饼会稍微变软。

橙子慕斯
Orange mousse

- 1 大勺君度橙味利口酒或其他橙味利口酒 • 满满 4 大勺橘子酱
- 1 个表皮无蜡的橙子擦出的皮屑
- $1/3$ 份冰冷的糕点奶油（大约 200 克）
- 150 克高脂厚奶油，打发

混合利口酒和橘子酱，然后分装在 4 个玻璃杯中。留下少许橙子皮屑用于装饰，将剩下的加入糕点奶油中，搅打至顺滑。加入 $1/2$ 的打发奶油，翻拌以使混合物变得轻盈，然后加入剩下的打发奶油翻拌。将做好的慕斯分装到玻璃杯中，然后将每个杯子在工作台上磕几下，确保慕斯里没有气泡。冷藏至少 1 小时后，取出撒上橙子皮屑，即可享用。

黑醋栗乳脂松糕

Blackcurranr trifles

- 4 根手指饼干 • 4 大勺黑醋栗酒
- 1/3 份冰冷的糕点奶油（大约 200 克）
- 50 克黑醋栗，去柄，另准备 4 小串用于装饰 • 白糖（可选）
- 100 毫升高脂厚奶油，打发

将一根手指饼干掰成小块放入一个玻璃杯中。用同样的方法将剩下的手指饼干分别放入 3 个玻璃杯中。在每个杯子中倒入 1 大勺黑醋栗酒。将糕点奶油搅打至顺滑。将 50 克黑醋栗稍稍碾碎，混入糕点奶油中。如果黑醋栗太酸，就在糕点奶油中添加少许白糖。将糕点奶油混合物分装到玻璃杯中，然后将每个杯子在工作台上磕几下，确保里面没有气泡。将打发奶油分装到每个杯子里。冷藏至少 1 小时，取出后用黑醋栗串装饰，即可享用。

迷你草莓塔

Strawberry tartlets

- 4 块圆形酥饼 • 12～15 颗草莓
- 1/3 份冰冷的糕点奶油（大约 200 克）

将糕点奶油搅打至顺滑，装入安装了直径 1 厘米圆形裱花嘴的裱花袋中，在每块酥饼中央挤一小团（边缘留出空间准备摆放草莓）。将草莓对半切开，围绕糕点奶油摆放。尽快食用。

准备时间：45 分钟；静置时间：1 小时（糕点奶油）；制作时间：20 分钟

舒芙蕾
Soufflés

舒芙蕾以难以制作著称，但它真的不像你想的那样令人望而却步。制作甜蜜的舒芙蕾时，只需要将蛋白霜拌入糕点奶油中就可以烘焙了。

这个配方的优点在于，你可以提前做好一半的工作，等到预热烤箱时再花几分钟搅拌即可。将烤盅放入烤箱，20 分钟后，你就可以为客人奉上高高隆起的甜点，给他们留下深刻的印象了。

- ½ 份冰冷的糕点奶油（大约 300 克，第 252 页），根据你的喜好调味

涂抹烤盅所需原料 • 4 大勺软化的黄油 • 6 大勺原糖 *

蛋白霜原料 • 60 克蛋白（大约 2 个中号鸡蛋的蛋白）• 50 克糖粉 • 几滴柠檬汁 • 1 撮盐

将烤箱预热至 200℃。在 4 个烤盅内涂抹软化的黄油，要从烤盅内的底部抹到顶部。检查一下，确保每个烤盅的内壁都完全被黄油覆盖。然后，在每个烤盅里加入满满 1 大勺原糖，转动并倾斜烤盅，让原糖均匀地覆盖其内壁。

制作蛋白霜。将 ½ 的蛋白放入干净的玻璃碗或金属碗中。加入糖粉、柠檬汁和盐，搅打至雪白。加入剩下的蛋白，继续搅打，直至蛋白霜硬性发泡。

将糕点奶油搅打至顺滑，然后拌入 ½ 的蛋白霜，混合均匀。轻轻拌入剩下的蛋白霜。

将混合物分装在烤盅里，将每个烤盅在工作台上磕几下，确保混合物中没有气泡。用抹刀（或大刀的刀背）沿着烤盅的顶部将混合物的表面抹平，然后擦干净滴落在烤盅外壁的混合物，不然它们会在烘焙过程中被烤焦。为了便于舒芙蕾膨胀，用你的拇指指甲沿着每个烤盅的边缘划一圈，使混合物边缘形成一道槽。

马上将烤盅放入烤箱中，将烤箱的温度降到 180℃。烘烤 15~20 分钟，或直至舒芙蕾的体积比原来的增加 ⅔，并且在移动时会晃动。立即享用。

* 其他表面装饰原料：白糖与少许肉桂粉、生姜粉或辣椒粉的混合物（后者尤其适合搭配巧克力舒芙蕾），或者细细擦碎的柑橘类水果的表皮。原糖也可以用无糖可可粉代替。

准备时间：40 分钟；静置时间：1 小时（糕点奶油）；烹饪时间：30 分钟

巧克力慕斯配可可碎

Chocolate mousse with cocoa nibs

这款甜点是为真正酷爱吃巧克力的人准备的。用巧克力奶油酱（由巧克力糕点奶油和打发的奶油翻拌而成）就可以轻松制作出好吃的巧克力慕斯，但是我喜欢在甜点中增添更多的巧克力元素。

这款甜点的每一种原料都很重要：巧克力糕点奶油使它口感丝滑，蛋白霜和打发的奶油使它质地轻盈，熔化的黑巧克力赋予它超级浓郁的巧克力味。我还喜欢在甜点装入玻璃杯中后，在上面撒一点儿可可碎，这样可以增添一些巧克力的苦味和脆脆的口感。如果你买不到可可碎（可以在特色食品商店、网上商店和一些超市买到），细细切碎的坚果和可可粉的混合物是很好的替代品。

先生们，女士们，看，这就是我的巧克力慕斯。

• 2 大勺软化的黄油 • 40 克可可碎，另外准备一些用于装饰
• 1/2 份冰冷的糕点奶油（大约 300 克，第 252 页），制作时用 1 大勺无糖可可粉代替香草精
• 150 克黑巧克力，细细切碎 • 200 毫升淡奶油

巧克力蛋白霜原料 • 60 克蛋白（大约 2 个中号鸡蛋的蛋白）
• 50 克糖粉 • 几滴柠檬汁 • 1 撮盐 • 满满 1 大勺无糖可可粉

在 4~6 个玻璃杯或烤盅内涂抹软化的黄油。加入 40 克可可碎，转动并倾斜玻璃杯，让可可碎均匀地覆盖其内壁。

制作巧克力蛋白霜。将 1/2 的蛋白放入干净的玻璃碗或金属碗中。加入糖粉、柠檬汁和盐，搅打至雪白。加入剩下的蛋白和可可粉，继续搅打，直至蛋白霜硬性发泡。

将黑巧克力隔水加热（装入耐热碗中，再将碗放在一口锅上，使锅里的水微微沸腾）或放入微波炉用小火加热至熔化。将淡奶油搅打至软性发泡。

将糕点奶油混合物搅打至没有任何小疙瘩，然后拌入熔化的黑巧克力。拌入 1/3 的巧克力蛋白霜，然后轻轻拌入剩下的巧克力蛋白霜，最后拌入打发的奶油。

将做好的慕斯分装到玻璃杯中，冷藏至少 1 小时。慕斯变得冰凉后，撒上可可碎。这款慕斯最好在制作当天食用，若要保存，最多不超过 2 天（因为其中有生蛋白）。

准备时间：45 分钟；静置时间：2 小时（包括糕点奶油）；烹饪时间：5 分钟

苹果千层酥

Apple millefeuille

不要被这个配方的长度吓倒。这款千层酥的做法其实非常简单，因为用到的千层酥皮可以买现成的，其他原料可以提前准备好。实际上，最好预先做好馅料，这样你就有充分的时间让它变凉。接下来，你在食用前要做的事就只剩组装了。

• 250 克现成的千层酥皮 • 3~4 大勺糖粉 • 1/2 份冰冷的糕点奶油（大约 300 克，第 252 页）
• 1 团黄油，熔化 • 4 大勺葛缕子籽

糖渍苹果泥原料 • 6 个餐后食用（适合生吃）的苹果，去皮，粗略切碎
• 1 大勺卡尔瓦多斯苹果酒 • 2 大勺白糖，或根据口味加入更多 • 1 片吉利丁片（2 克）*

将苹果碎、苹果酒和白糖放入锅中，盖上锅盖，中火煮 10 分钟，直到苹果变软。然后倒入搅拌器中搅打成顺滑的泥，尝一下味道，有必要的话加入更多的白糖（不要将苹果泥做得太甜，因为糕点奶油也很甜）。将吉利丁片放入冷水中浸泡 10 分钟，或直至变软。捞出沥干，挤出多余的水分，然后放入温热的苹果泥中以使其溶解。将苹果泥放入冰箱冷却（放在密封容器中冷藏，最多可以保存一周）。

在大号烤盘中铺烘焙纸。在擀面杖和工作台上撒糖粉，将千层酥皮擀成 30 厘米 ×20 厘米的长方形，使其厚度为 5 毫米。在千层酥皮上刷熔化的黄油，筛上糖粉，撒上葛缕子籽。再筛一层糖粉，然后把千层酥皮切成 12 张 10 厘米 ×5 厘米的长方形。将切好的酥皮平铺在准备好的烤盘中，然后放入冰箱冷藏。将烤箱预热至 200℃。将千层酥皮烤 20 分钟，或直至它们变成金黄色，然后取出放在冷却架上冷却。

组装时，将糕点奶油和苹果泥分别装入安装了平口裱花嘴的裱花袋中。在一人份甜点盘中挤 2 团糕点奶油，在上面放第一张千层酥皮，使其粘在甜点盘上。在酥皮上挤 2 条苹果泥，然后轻轻地放上第二张酥皮。在第二张酥皮上挤 2 条糕点奶油，再放上第三张酥皮。用同样的方法，共制作 4 份千层酥。立即享用。

* 若你是纯素食者，可以用 1/2 小勺琼脂粉代替吉利丁片。将琼脂粉加入苹果泥中，煮沸 5 分钟，其间不停搅拌。

衍生版本

• 用巧克力糕点奶油代替糕点奶油，用榛子碎代替葛缕子籽。
• 在糕点奶油上放新鲜浆果。用一层糕点奶油和浆果代替苹果泥。

准备时间：1 小时；静置时间：2 小时（包括糕点奶油）；烹饪时间：30 分钟

烤苹果配香甜白酱

Baked apples with sweet spiced béchamel sauce

尽管巴黎是如此美丽，但是就寒冷、潮湿和阴暗的天气在一年中所占的比例而言，它和伦敦是一样的。当然，我在巴黎的朋友们往往不承认这一点。在那样的日子里，缩在沙发上，抱着一碗热气腾腾、甜美芳香的食物是我应对糟糕天气的最佳方案。这个配方中的馅料和甜味原料都可以根据你的口味调整，而且制作好的香甜白酱可以冷藏保存 1~2 天，使用前稍微加热一下即可（如果它太浓稠，就拌入少量牛奶）。

• 6 个餐后食用（适合生吃）的苹果 • 6 根肉桂棒

香甜白酱原料 • 30 克黄油 • 30 克中筋面粉
• 500 毫升温热的牛奶 • ½ 根香草荚 • 4 大勺白糖
• ¼ 个表皮无蜡的橙子擦出的皮屑 • ¼ 小勺生姜粉
• ½ 小勺肉桂粉 • 1 撮肉豆蔻粉 • 1 颗丁香

将烤箱预热至150℃。去掉每个苹果的核，再分别在每个苹果中央插 1 根肉桂棒。用烘焙纸或铝箔分别紧紧包裹苹果，并用细绳绑好收口的地方。将苹果放入烤箱烤 15~20 分钟，烤到苹果变软但没到软到不成形的程度。

烤苹果的同时，制作白酱。在大锅中加入黄油，开中火，使黄油熔化。加入面粉，用力搅打，直到混合物变成顺滑的糊。从炉子上取下锅，冷却 2 分钟。然后慢慢地加入牛奶，不断搅拌。

用刀纵向剖开香草荚，刮出香草籽。将锅放回炉子上，开中火，加入香草荚、香草籽、白糖、橙子皮屑和其他香料，小火煮 10 分钟，其间不时搅拌，以免混合物粘在锅底。如果混合物太浓稠，就再拌入一点点牛奶。香甜白酱煮好后，关火，取出香草荚和丁香，然后将香甜白酱倒入罐子中。

上桌前，揭开包裹苹果的烘焙纸，将它们分别竖直地摆放在一人份甜点盘中。让客人自己取出苹果中的肉桂棒，再在苹果上淋厚厚的一层香甜白酱。

准备时间：15 分钟；烹饪时间：30~35 分钟

烤布蕾

Crème brûlée

我第一次去巴黎旅行时吃过一次烤布蕾，它难吃极了。那时我基本上不会说法语，因此当我向服务员抱怨烤布蕾烧焦了时，他反驳我说，烤布蕾本来就要被烧焦。幸运的是，现在我的法语已经比较好了，若遇到同样的情况，我会抱怨说烤布蕾包括浓郁的卡士达酱和表面一层坚硬的焦糖，而非被烧焦的焦糖。

经典的烤布蕾只用到了奶油、蛋黄、白糖和香草荚，而我用奶油和牛奶的混合物代替奶油，这样做可以让卡士达酱既浓郁，又不像单用奶油制作的那样油腻。夏天，我常常会把一小把覆盆子或蓝莓（或少许对半切开的草莓）放在每个烤盅底部，然后用卡士达酱没过它们。

• 300 毫升高脂厚奶油 • 200 毫升牛奶 • 1 根香草荚 • 6 个蛋黄 • 100 克白糖

焦糖原料 • 30 克细白砂糖 • 30 克原糖

将高脂厚奶油和牛奶倒入锅中。用刀纵向剖开香草荚，刮出香草籽。将香草荚和香草籽加入锅中，煮至沸腾后，将锅从炉子上拿下来，取出香草荚。

在一个碗中混合蛋黄和白糖，然后慢慢倒入热的奶油混合物，不断搅拌。注意，不要搅拌过度，以免产生太多气泡。

如果你有充足的时间，可以将做好的卡士达酱倒入碗中，在表面覆盖保鲜膜，然后将卡士达酱放入冰箱冷藏一整夜。这会让香草籽的味道更加充分地融入卡士达酱中。

将烤箱预热至 110℃。将卡士达酱分装到 6 个敞口和较浅的烤盅中，再把烤盅放入一个深烤盘中。将烤盘放入烤箱中，在烤盘中倒入冷水，使水没过烤盅的一半。烤 30~40 分钟，或直至布蕾边缘凝固但中央依然能略微晃动。从水中取出烤盅，让布蕾在室温下冷却。等布蕾冷却后盖上保鲜膜（不要让保鲜膜接触布蕾）。冷藏至少 4 小时或一整夜。

上桌前，开始制作焦糖。先揭开烤盅上的保鲜膜，查看布蕾表面是否有凝结的水珠。如果有，就用纸巾轻轻地将水珠吸干。将两种糖混合均匀，然后均匀地撒在每份布蕾表面。撒糖时，勺子要距离烤盅顶部至少 30 厘米——从较高的地方撒可以让糖均匀地分布在布蕾表面。

将烤盅放在冷却架上，用烹饪用喷枪在距离糖 10~12 厘米处加热。加热时喷枪

》》》

要缓慢而平稳地移动，等糖焦化到所需的程度时立即停止加热，因为喷枪的火焰移开后，糖会继续升温几秒。

如果你没有喷枪，可以把一把大号金属勺子放在燃气炉上加热至滚烫（勺子会变成蓝色，最后近乎黑色），然后把勺子放在糖上并四处移动，这样勺子的热量会使糖焦化。

可以用什么原料取代香草荚？

关键是要在奶油和牛奶的混合物中加入固态原料或仅仅 1~2 小勺液态原料（比如杏仁精、橙花水或玫瑰花水），然后煮至沸腾——不要加太多液态原料，否则卡士达酱可能难以凝固。下面是一些替代原料：

1 小勺干薰衣草（在奶油混合物拌入蛋黄混合物之前，要从奶油混合物中过滤出薰衣草）；

1 个表皮无蜡的橙子或柠檬擦出的皮屑；

$\frac{1}{2}$ 小勺肉桂粉和 $\frac{1}{4}$ 小勺生姜粉；

$\frac{1}{2}$ 小勺现磨黑胡椒或印度尼西亚荜拨（这个与烤布蕾里的覆盆子搭配味道非常好）；

1 撮藏红花丝。

小贴士

• 卡士达酱最多可以提前 4 天制作，而表面的焦糖只能在食用前制作，因为空气中有水分，焦糖会慢慢变软。

• 你需要使用直径较大、较浅的烤盅，这样可以增大焦糖在布蕾中所占的比例，这是烤布蕾制作成功的关键。

• 如果你不马上使用剩下的蛋白，就将它放入密封容器中，用标签记下保存日期，然后把蛋白冷冻起来，这样最多可以保存 1 个月。冷藏的话，蛋白可以保存几天。

准备时间：20 分钟；冷藏时间：4 小时至一整夜；烹饪时间：约 1 小时

焦糖布丁

Crème caramel

小时候我非常喜欢这款甜点，那时法式美食在我家并不常见。我在英国长大，母亲是奥地利人，父亲是马来西亚华裔，这意味着我家的饭菜既有阿尔卑斯地区的甜味，也有东南亚的辣味，星期天我们则吃英国传统的烤肉大餐。我母亲做的焦糖布丁似乎混合了某些粉末，不过这完全没有影响到我。考虑到它的制作方法是如此简单，今天我就来做一道正宗的焦糖布丁。

• 500 毫升牛奶 • 1 根香草荚 • 60 克白糖 • 3 个鸡蛋加 2 个蛋黄 • 适量淡奶油，作为配料上桌

焦糖酱原料 • 250 克白糖

将烤箱预热至 110℃。在一口厚底锅里撒薄薄的一层白糖，中火加热。等白糖开始熔化，再加一些。重复几次，直到 250 克白糖都熔化了。继续加热焦糖，并不时晃动锅，使焦糖在锅里旋转（不要搅拌）*。等焦糖的颜色几乎变得和可口可乐的一样，加入几大勺水（稍微站远一点儿，因为糖浆有可能溅出来）。将一部分焦糖酱倒入一个烤盅中，马上旋转烤盅，使焦糖酱完全覆盖烤盅底部。用同样的方法处理其他 5 个烤盅，注意动作要非常快，因为焦糖酱很快就会凝固。将烤盅放在一旁备用。

将牛奶倒入一口锅中。用刀纵向剖开香草荚，刮出香草籽。将香草荚和香草籽加入锅中，煮至沸腾后，将锅从炉子上拿下来，取出香草荚。

在一个碗中混合鸡蛋、蛋黄和 60 克白糖，然后慢慢倒入热牛奶混合物，不断搅拌。注意，不要搅拌过度，以免产生太多气泡。

将碗中的混合物分装到准备好的烤盅中，再把烤盅放入一个深烤盘中。将烤盘放入烤箱中，在烤盘中倒入冷水，使水没过烤盅的一半。烤 30~40 分钟，或直至布丁边缘凝固但中央依然能略微晃动。从水中取出烤盅，让布丁在室温下冷却。等布丁冷却后盖上保鲜膜（不要让保鲜膜接触布丁）。冷藏至少 4 小时或一整夜。

上桌前，用刀沿着布丁的顶部边缘划一圈，然后把烤盅放入沸水中加热 30 秒。将一个盘子倒扣在一个烤盅的顶部，然后将盘子和烤盅同时翻转并摇一两下，使焦糖布丁落在盘子上。趁其冰凉时享用，可以搭配一罐淡奶油。

*用勺子搅拌焦糖会改变焦糖的分子状态，从而使焦糖结晶。

准备时间：20 分钟；冷藏时间：4 小时至一整夜；烹饪时间：40~50 分钟

漂浮岛

Floating islands

漂浮岛总能为一顿丰盛的大餐画上完美的句号。将蛋白打发成最轻盈的蛋白霜后用清水煮熟，然后让它（岛屿）漂浮在丝滑、冰凉的香草卡士达酱（湖泊）上，再在上面点缀少许果仁糖，这就是漂浮岛。

香草卡士达酱是一款需要常备的经典法式甜点酱汁，也是值得你掌握的绝妙酱汁。一旦掌握了制作技巧，你就能按照自己的口味调整配方。我喜欢在里面加一些荜拨，它能给成品带来甜味和辛辣。（你可以在亚洲食品超市买到荜拨，也可以用普通的黑胡椒代替它。）

这款甜点适合在冰凉时享用，因而你最好提前开始准备。果仁糖可以提前几周制作，香草卡士达酱则可以提前几天制作。做好的果仁糖要保存在密封容器中，否则空气中的水分会让它变得潮湿和黏牙。蛋白霜最好在食用当天制作。

香草卡士达酱原料•4 个蛋黄•80 克白糖•1 根香草荚
•500 毫升牛奶•½ 小勺黑胡椒粉或荜拨粉（可选）

果仁糖原料•75 克白糖•25 毫升水•50 克杏仁片

蛋白霜原料•2 个蛋白（60 克）•45 克糖粉，如果结块，须过筛
•几滴柠檬汁•1 撮盐

制作香草卡士达酱。在一个碗里混合蛋黄和80克白糖。用刀纵向剖开香草荚，刮出香草籽。将香草荚和香草籽放入锅中，加入牛奶和胡椒粉，煮至沸腾后，将锅从炉子上拿下来。将一点儿热牛奶混合物倒入装有蛋黄和白糖的碗里，不断搅拌。慢慢拌入剩下的牛奶混合物，然后将碗中的所有混合物倒入一口干净的锅中，小火加热并不断搅拌。千万不要让香草卡士达酱沸腾，否则它将水油分离。5分钟后，香草卡士达酱开始变得稍微浓稠，就像稀奶油一样（它冷却后会更加浓稠）。将香草卡士达酱倒入碗中，放入冰箱冷藏至少4小时。

冷藏香草卡士达酱的同时，制作果仁糖。在一个烤盘中铺烘焙纸。在一口大号的锅里加75克白糖和水，小火加热至白糖溶解，然后转大火。等糖浆开始冒泡，加入杏仁片，不断搅拌5分钟，以防混合物粘在锅底并被烧焦。等混合物变成深金色，将其倒入准备好的烤盘中，用抹刀抹开，要抹得尽可能地薄（动作要快，因为它很快就会凝固）。冷却备用。

》》》

制作蛋白霜（岛屿）。将 ½ 的蛋白放入干净的玻璃碗或金属碗中。加入糖粉、柠檬汁和盐，搅打至雪白。加入剩下的蛋白，继续搅打，直至蛋白霜硬性发泡。

在一口大号汤锅中将水煮至即将沸腾 *，轻轻放入 6 汤勺蛋白霜，小火煮几分钟，直到它们微微膨胀并凝固。用滤勺捞出，放在一张烘焙纸上备用。

组装时，分别在 6 个玻璃碗中倒入一满勺香草卡士达酱，然后在碗中央轻轻地放一块煮好的蛋白霜。将果仁糖掰成小块，撒在漂浮岛上。

* 如果你喜欢，可以用微波炉加热蛋白霜。将 6 小勺蛋白霜舀到一个盘子中，让它们彼此相距至少 2 厘米，然后用中高火加热 30~60 秒。

香草荚可以用其他调味品代替。下面是几种创意，希望可以激发你的想象力。

冬日暖阳：1 根肉桂棒、½ 小勺生姜粉和 1 撮肉豆蔻粉。

火辣巧克力：4 大勺无糖可可粉、2 撮辣椒粉。你也可以按照自己的口味调整用量。

活力柑橘：1 个橙子、½ 个柠檬和 ½ 个酸橙（都需要表皮无蜡的）擦出的皮屑。

准备时间：45 分钟；冷藏时间：4 小时；烹饪时间：30 分钟

勃朗峰

Meringue and chestnut-cream mountain

这款甜点用到的主要原料非常少，只有蛋白霜、打发的奶油和无糖核桃酱。而且，如果你时间紧张，甚至可以买现成的原料，回来组装一下就可以了。

传统的核桃酱应该浓稠到可以装入裱花袋挤出造型，但是我喜欢稍微稀一些的，这样我可以将它倒在蛋白霜和奶油上，让整个成品更像迷你山峰，这就更符合这款甜点的名称——勃朗峰了。

蛋白霜原料·90 克蛋白（大约 3 个中号鸡蛋的蛋白）·75 克糖粉
·几滴柠檬汁·1 撮盐

核桃酱原料·1 根香草荚·200 克煮熟的核桃（购买现成的即可）
·250 毫升高脂厚奶油·30 克黄砂糖·1½ 大勺干邑白兰地（可选）

组装原料·200 毫升淡奶油

制作蛋白霜。将烤箱预热至 80℃，在一个烤盘中铺烘焙纸。将 ½ 的蛋白放入干净的玻璃碗或金属碗中，加入糖粉、柠檬汁和盐，搅打至雪白。加入剩下的蛋白，继续搅打，直至蛋白霜硬性发泡。

舀满满 4 勺蛋白霜分开放到准备好的烤盘中，要用勺子在蛋白霜顶端拉出尖角，让它们看起来像小小的山峰。烤 2 小时，直到蛋白酥变得酥脆，其间要打开烤箱门几次以放出水蒸气。将蛋白酥从烘焙纸上取下，放在冷却架上冷却。（冷却后的蛋白酥在密封容器中可以保存几天。）

制作核桃酱。用刀纵向剖开香草荚，刮出香草籽。将香草荚和香草籽放入锅中，再加入剩下的核桃酱原料，中火煮至即将沸腾。转小火再煮 10 分钟，直到核桃变软、略微呈糊状。取出香草荚，然后将混合物放入搅拌器中搅打成柔软、顺滑的糊。冷藏至需要使用时（放入密封容器中最多可以保存一周）。

组装。将淡奶油搅打至软性发泡。分别在一人份甜点盘中放一块蛋白酥，再将打发的奶油舀到蛋白酥上，然后将核桃酱倒在上面（如果核桃酱变得过于浓稠，就拌入一些高脂厚奶油）。立即享用。

准备时间：30 分钟；冷却时间：1 小时；烹饪时间：2 小时 15 分钟

迷迭香大黄热狗

Vacherin 'hotdog' with rosemary rhubarb

　　这款甜点实际上是法式夹心蛋糕的改良版。除了名称和形状，它与夹了黏糊糊、气味刺鼻的奶酪的热狗没有任何共同点。传统的法式夹心蛋糕是由大块圆形蛋白霜、打发的奶油和水果组合而成的。它看起来非常漂亮，但是切开后，混杂在一起的蛋白酥和奶油会让你觉得它经历了一场灾难。我发现制作单人份的夹心蛋糕更简单，而且我觉得，像做热狗那样用挤成长条形的蛋白酥夹着奶油和大黄非常有意思。

糖渍大黄原料 • 2～3 根大黄 • 80 克黄砂糖 • 1 枝迷迭香

蛋白霜原料 • 60 克蛋白（大约 2 个中号鸡蛋的蛋白）
• 50 克糖粉 • 几滴柠檬汁 • 1 撮盐

组装原料 • 200 毫升淡奶油

　　削去大黄的老茎，将大黄切成 8 段，每段长约 10 厘米。将黄砂糖和迷迭香放入锅中，中火加热至黄砂糖熔化。加入大黄段，转小火，然后盖上锅盖加热 5~10 分钟，或直至大黄变软但依然保持形状。关火，待大黄冷却后取出迷迭香。（如果至少提前一天制作糖渍大黄，那么它的味道会更好。冷藏的话它最多可以保存一周。）

　　制作蛋白霜。将烤箱预热至 80℃，在一个烤盘中铺烘焙纸。将 1/2 的蛋白放入干净的玻璃碗或金属碗中，加入糖粉、柠檬汁和盐，搅打至雪白。加入剩下的蛋白，继续搅打，直至蛋白霜硬性发泡。

　　将蛋白霜舀到装有直径 1 厘米圆形裱花嘴的裱花袋中，在准备好的烤盘上挤 8 条 10 厘米长的条。烤 2 小时，直到蛋白酥变得酥脆，其间要打开烤箱门几次以放出水蒸气。将蛋白酥从烘焙纸上取下，放在冷却架上冷却。（冷却后的蛋白酥在密封容器中可以保存几天。）

　　组装。将淡奶油搅打至硬性发泡，舀到装有直径 5 毫米圆形裱花嘴的裱花袋中。从装有糖渍大黄的容器中捞出大黄，沥干。在 2 片蛋白酥平的一面分别挤一条奶油，然后像制作三明治那样，用 2 片蛋白酥夹住一段大黄。用同样的方法，共制作 4 份迷迭香大黄热狗，立即享用。

准备时间：30~45 分钟；烹饪时间：2 小时 15 分钟

覆盆子杏仁塔

Raspberry and almond tartlets

每当我告诉法国友人我学习过法式糕点制作并且在一家烹饪学校教授糕点制作，他们通常都会眼睛一亮。一位朋友很喜欢我做的迷你水果塔，甚至给我起了个外号——小塔。

• 90 克软化黄油 • 1 小勺白糖 • 1 撮盐 • 180 克中筋面粉 • 2 个蛋黄 • 2 大勺冰水 • 300 克覆盆子 *

杏仁酱原料 • 200 克杏仁粉 • 200 克白糖 • 200 克软化黄油 • 2 个鸡蛋

制作塔皮。用一把木勺搅打黄油、白糖和盐，直到混合物变得柔软、像奶油般丝滑。依次混入面粉、蛋黄和 2 大勺冰水，将面团揉成一个小球。如果面团容易散开，就再加一点点水（尽量少揉面团，使其成形即可）。用保鲜膜包好面团，放入冰箱冷藏至少 1 小时（最好一整夜）。

在一个碗中搅打杏仁粉、白糖和黄油，直到混合物变得顺滑，然后打入鸡蛋。

在使用前 30 分钟从冰箱中取出面团。将烤箱预热至 180℃。将面团放在两张烘焙纸之间，用擀面杖擀成 3~5 毫米厚的塔皮，然后切成 4 张长方形塔皮，每张要足以铺满 11.5 厘米×6.5 厘米的塔盘 ** 并且多出 2 厘米宽的边缘悬在塔盘外。将塔皮铺在塔盘中，用叉子在塔盘底部的塔皮上刺出若干小孔。在塔皮表面涂抹杏仁酱，再将覆盆子一个挨一个地摆放在上面，使覆盆子几乎完全盖住杏仁酱。切掉悬在塔盘外的塔皮。

将塔盘放入烤箱中烤 15~20 分钟，或直至塔皮边缘变成金黄色。最好趁热享用。当然，冷了的覆盆子杏仁塔也好吃（但是不要将其冷藏）。

* 任何种类的水果都可以用来制作这款水果塔，就算是水果罐头和冷冻水果（使用前须解冻）也可以，只要沥去多余的水分。

** 如果你喜欢，可以使用直径 10 厘米的圆形塔盘制作 6 个小号水果塔，或者用一个直径 23 厘米的圆形塔盘制作一个大号水果塔。大号水果塔的烘焙时间为 30 分钟。

准备时间：20 分钟；冷藏时间：1 小时至一整夜；烹饪时间：15～20 分钟

翻转苹果塔

Upside-down apple tart

19 世纪晚期，法国中部索洛涅地区拉莫特－伯夫龙的塔坦姐妹在她们的餐馆里发明了这道美妙的甜点。它的发明其实是个意外。她们在制作苹果塔的时候将苹果塔烧焦了，于是决定丢掉底部烧焦的塔皮，留下焦化的苹果，再在苹果上放一张新塔皮。谁说厨房里的意外不是一件好事？

我在制作这款甜点时单独烤塔皮，而非将塔皮和苹果一起烤。这样，塔皮可以保持酥脆，而不会变得湿乎乎的。

传统的塔坦苹果塔要求使用经典的焦糖酱，但我更喜欢咸味焦糖酱，这样的焦糖酱具有典型的布列塔尼地区的特色。

• 250 克千层酥皮 • 14~16 个餐后食用的苹果 • 1 团黄油，熔化 • 适量白糖，用于撒在苹果上

咸味焦糖酱原料 • 100 克白糖 • 2 团熔化的黄油 • 1 小勺盐

将烤箱预热至 180℃。在撒了面粉的工作台上将千层酥皮擀成 1 厘米厚，然后将直径 25 厘米的圆形塔盘放在酥皮上，沿边缘切出一个比塔盘直径大几毫米的圆形塔皮。将塔皮放入塔盘中，用叉子在底部扎满小孔。将塔盘放入烤箱中烤 30 分钟，或直至塔皮膨胀并且变成金黄色。

烤塔皮的同时，制作咸味焦糖酱。在一口厚底锅里撒薄薄的一层白糖，中火加热。等白糖开始熔化，再加一些。重复几次，直到所有的白糖都熔化。继续加热焦糖，并不时晃动锅，使焦糖在锅里旋转（不要搅拌）。等焦糖的颜色几乎变得和可口可乐的一样，将锅从炉子上拿下来，加入黄油和盐并晃动锅（稍微站远一点儿，因为糖浆有可能溅出来）。取出塔盘中的塔皮，将咸味焦糖酱倒入塔盘中，旋转塔盘，使焦糖酱完全覆盖塔盘底部和内壁。

将苹果去皮、去核并切成两半。将它们紧密地摆放在塔盘中，确保彼此挨得很紧（受热后苹果会收缩）。你可以将最后一个苹果切成 4 份，用这些小块苹果来填补比较大的缝隙。在苹果上刷熔化的黄油，撒上白糖。将塔盘放入烤箱中烤 30 分钟，或直至苹果变软但未到软烂的程度。从烤箱中取出苹果，放在一旁冷却至不烫手。

组装时，将塔皮放在苹果顶部，然后将一个大餐盘倒扣在塔皮上。将塔盘和盘子一起翻转，使苹果处于塔皮之上。立即搭配冰激凌或 1 团法式酸奶油享用。

准备时间：30 分钟；烹饪时间：1 小时

熔浆巧克力蛋糕

Chocolate lava cake

　　我曾经在巴黎蒙马特区一家名为"烹饪班"（Cook'n with Class）的小型烹饪学校教授法式糕点制作。虽然那里的学生来自各个国家，有年轻的背包客和度蜜月的小夫妻，也有退休的老人，但是他们都有想学习的经典甜点，熔浆巧克力蛋糕就是十种大家最希望学习制作的甜点之一。

　　"熔浆"代表柔软，它完美地概括了这款甜点的特点。这款蛋糕就像火山一样，当你用勺子挖开它时，其中的"熔浆"会喷涌而出。

　　特别感谢这个配方的提供者——埃里克·弗罗多，"烹饪班"的创建人。

• 170 克黑巧克力，细细切碎 • 170 克黄油，切成丁 • 170 克黄砂糖
• 85 克中筋面粉 • 6 个鸡蛋，打散

涂抹烤盅所需原料 • 30 克软化的黄油 • 30 克无糖可可粉

　　准备6~8个烤盅，在其内壁涂抹黄油并筛上可可粉。将烤盅内多余的可可粉拍掉。

　　将黑巧克力和黄油隔水加热（装入耐热碗中，再将碗放在一口锅上，使锅里的水微微沸腾），其间不时搅拌。也可以放入微波炉用小火加热。

　　在一个碗中混合黄砂糖和面粉。在熔化的巧克力混合物中混入蛋液，再加入白糖和面粉的混合物，搅拌均匀。将蛋糕面糊分装到烤盅中，冷藏至少 1 小时 *。

　　将烤箱预热至 180℃。将烤盅放入烤箱中烤 15~20 分钟，或直至蛋糕边缘变硬而中央可以略微晃动。将一根牙签插入蛋糕中心测试一下——牙签拔出后应该是湿润的。冷却 2 分钟后将蛋糕脱模，放在甜点盘中。立即搭配香草冰激凌、打发的奶油或新鲜浆果享用。

---

* 蛋糕面糊为什么要冷藏？因为将冰冷的面糊放入烤箱中烤，可以减缓烤箱中的热量穿透蛋糕中心的速度，这样可以使蛋糕中心保持半液体的状态。面糊装在烤盅中并用保鲜膜盖好（不要让保鲜膜接触面糊），可以冷藏保存几天。面糊也可以用保鲜膜紧紧包裹起来冷冻，需要时直接放入烤箱烘烤（需要多烤 5~10 分钟，然后按照上文所介绍的方法测试是否烤好）。

准备时间：20 分钟；冷藏时间：1 小时；烹饪时间：20~25 分钟

咸味焦糖馅熔浆巧克力蛋糕

Chocolate lava cake with salted carmel filling

在"烹饪班"教授熔浆巧克力蛋糕的制作方法时，大家喜欢简化做法，并且不搭配其他东西，直接就把蛋糕吃掉。不过，当我在家制作时，我喜欢在蛋糕里填充一点儿咸味焦糖馅，这会让这款蛋糕更加让人难以抗拒。按照本配方制作的焦糖馅分量有点儿多，你做完巧克力蛋糕后肯定有剩余的。不要担心，它还有许多其他用途，比如涂抹在吐司上、淋在冰激凌上、拌入酸奶中……

• 熔浆巧克力蛋糕（见上页）

咸味焦糖馅原料 • 150 克白糖 • 150 克高脂厚奶油
• 1 小勺盐之花或粗海盐

按照上页的配方制作熔浆巧克力蛋糕，不过只在烤盅中装 ¾ 的蛋糕面糊。

制作咸味焦糖馅。在一口厚底锅里撒薄薄的一层白糖，中火加热。等白糖开始熔化，再加一些。重复几次，直到所有的白糖都熔化。继续加热焦糖，并不时晃动锅，使焦糖在锅里旋转（不要搅拌）*。等焦糖的颜色几乎变得和可口可乐的一样，加入高脂厚奶油和盐（小心糖浆溅出来）。加热至焦糖馅的温度达到108℃，或直至用勺子在焦糖馅中蘸一下并提起来、焦糖馅能够覆盖勺子背。然后，将做好的咸味焦糖馅倒在一个盘子中，使其稍微冷却。

等焦糖馅稍微冷却，将其装入安装了小号圆形裱花嘴的裱花袋中，或装入厚型食品袋中（填充馅料前，将食品袋的底部一角剪掉）。将裱花嘴插入每个烤盅的面糊中，挤入焦糖馅（直到面糊几乎与烤盅顶部等高）。

将烤盅放入烤箱，按照熔浆巧克力蛋糕的配方要求烘焙。

假如要用水果馅代替咸味焦糖馅，就在锅中或微波炉中加热200克果酱（覆盆子酱、橙子酱、芒果酱等均可）至果酱可以流动，然后将果酱倒入搅拌器中搅打至顺滑。待其冷却后，按照填充咸味焦糖馅的方法往蛋糕面糊中填充水果馅。

* 用勺子搅拌焦糖会改变焦糖的分子状态，从而使焦糖结晶。

准备时间：30分钟；冷却时间：1小时；烹饪时间：20~25分钟

香槟萨芭雍配草莓和樱桃番茄

Champagne sabayon with strawberries and cherry tomatoes

从科学的角度来说，甜点配方中的草莓和樱桃番茄是可以互相代替的，因为它们的味道相近。而我的烹饪"实验"证明，它们同时用在一个配方中味道也相当好，于是，我将这个经典配方做了一点儿改动。

和英国人一样，法国人也有他们喜爱的草莓品种，而最受法国人喜爱的品种之一是佳丽格特草莓。佳丽格特草莓呈瘦长的圆锥形，有可口的甜味，适合直接食用，也适合制作这款清淡、松软的甜点。

- 200 克草莓（最好是佳丽格特草莓），切成两半或四等份
- 100 克樱桃番茄，切成四等份并去籽

萨芭雍原料 • 4 个蛋黄 • 25 克白糖 • 100 毫升香槟

制作萨芭雍。将蛋黄和白糖混合后隔水加热（装入耐热碗中，再将碗放在一口锅上，使锅里的水微微沸腾），同时不断搅拌，直至混合物变成浅黄色并且变得浓稠。加入香槟，继续搅拌至萨芭雍变得非常浓稠并且起泡，大约需要 10 分钟。用打蛋器在锅中画 8 字形测试一下——如果画出的 8 字形不会马上消失，就说明萨芭雍做好了。

将萨芭雍分装到 4 个碗中，在上面放草莓和樱桃番茄，立即享用。你也可以将萨芭雍冷却至需要食用时（最好在几小时内食用），食用前加入草莓和樱桃番茄即可。

准备时间：10 分钟；烹饪时间：10～15 分钟

美丽的海伦梨

Beautiful Helen pears

19 世纪晚期，奥古斯特·埃斯科菲耶从奥芬·巴赫的轻歌剧《美丽的海伦》中找到灵感，发明了这个配方。这款甜点的美妙之处在于它的简单：梨在糖浆中煮熟，冷却后搭配温热的巧克力酱。我在巧克力酱中添加了小豆蔻，让这款甜点更加迷人和温暖。

• 1.5 升冷水 • 1 根香草荚 • 150 克白糖
• 4 个硬质的梨（如威廉梨），去皮，保留柄

小豆蔻巧克力酱 • 100 克黑巧克力或白巧克力，细细切碎
• 100 毫升高脂厚奶油 • 3 颗小豆蔻，碾碎

将冷水倒入一口大号的锅中。用刀纵向剖开香草荚，刮出香草籽。将香草荚和香草籽加入锅中，加入白糖，煮至即将沸腾，其间不时搅拌，直至白糖溶解。放入梨，再在梨上面放一张烘焙纸，以使梨完全没入糖浆中。小火煮 20 分钟。20 分钟后，将烤肉钎或小刀插入梨中，检查梨是否变软。如果没有，就再煮 5 分钟。梨煮好后，将梨留在糖浆中自然冷却，至少浸泡几小时（最好一整夜），这样梨有时间充分吸收香草荚的味道。（煮好的梨放入密封容器中，冷藏可以保存几天。）

制作小豆蔻巧克力酱。将切碎的巧克力放入一个碗中。将高脂厚奶油和碾碎的小豆蔻加热至沸腾，然后将混合物倒在巧克力碎上。静置 1 分钟，直到巧克力熔化，然后取出小豆蔻的果荚（将种子留在巧克力酱中），轻轻搅拌巧克力酱至顺滑。注意，不要搅拌过度，以免巧克力酱出现分层的现象（巧克力中的可可固形物与可可脂分离）。（这款酱汁可以提前几天制作，使用前用微波炉或隔水稍微加热。）

上桌前，从糖浆中取出梨 *，将梨分别竖直摆放在甜点盘中。在梨上倒足够多的小豆蔻巧克力酱，搭配 1 勺香草冰激凌或 1 团打发的奶油，即可享用。

* 糖浆可以放入冰箱冷藏保存，之后用于制作水果沙拉。

准备时间：20 分钟；静置时间：2 小时至一整夜；烹饪时间：30 分钟

枫丹白露配胡萝卜肉桂汁

Fontainebleau with a carrot cinnamon coulis

尽管和枫丹白露宫同名，甜点枫丹白露制作起来并不用耗费太多精力——将打发的奶油、法国鲜奶酪、白糖和香草荚简单地混合起来挤压即可。这样清爽的甜点可以为一顿法国大餐画上一个美妙的句号，搭配冰凉的果汁或一把浆果更是清爽怡人。在这里，与它搭配的是胡萝卜肉桂汁。

- ¹/₂ 根香草荚 • 200 毫升淡奶油 • 1 小勺白糖
- 200 克法国鲜奶酪或夸克干酪 • 适量肉桂粉，上桌后搭配食用

胡萝卜肉桂汁原料 • 3 根胡萝卜，擦碎 • 150 毫升胡萝卜汁 • 1 个橙子榨的汁
- 1 大勺白糖 • 1 撮肉桂粉

用刀将香草荚纵向剖开，刮出香草籽。将香草籽放入一个碗中，加入淡奶油和白糖，搅打至硬性发泡。将打发的奶油拌入鲜奶酪中。

在一口大号滤锅上放一块干净的茶巾，把滤锅放在一个大碗上。将奶酪混合物倒入滤锅中，收拢茶巾，将茶巾的几个角紧紧地扎起来，使其像包袱一样。将一口汤锅（你可以在锅里加水以使其更重）放在茶巾上，再将滤锅和大碗一起放入冰箱冷藏一整夜，或最多冷藏 24 小时。

制作胡萝卜肉桂汁。将所有原料放入一口汤锅中，盖上盖子，煮至即将沸腾。总共煮 10 分钟，然后将混合物倒入搅拌器中搅打至顺滑。将胡萝卜肉桂汁放入冰箱冷藏至需要食用时。

上桌前，将冰冷的胡萝卜肉桂汁倒入 4~6 个碗中，再分别加入 1 大勺奶酪混合物并撒上 1 撮肉桂粉。

准备时间：30 分钟；静置时间：一整夜至 24 小时；烹饪时间：10 分钟

杏仁奶红米布丁

Red rice pudding with almond milk

对大多数的法国人来说，奶油味的米布丁能够给人以安慰，让人回忆起童年。传统的米布丁是用短粒稻米、牛奶和奶油制作的，而我还喜欢用卡马尔格（位于法国南部）出产的红米制作的红米布丁。这种红米赋予布丁漂亮的色泽和些许坚果的香味，而杏仁奶更加突出了这种香味。多摄入少许热量并不会让我觉得羞愧，于是我用掼奶油来搭配这款布丁。

• 160 克红米 • 500 毫升无糖杏仁奶 * • 1/2 小勺杏仁精
• 2 大勺白糖，或根据口味调节用量

掼奶油原料 • 1/2 根香草荚
• 150 毫升淡奶油 • 4 大勺白糖

将红米、杏仁奶和杏仁精放入一口大号的锅中，煮至微微沸腾。盖上锅盖，小火煮 25~30 分钟，或直至红米变软但略有坚果般的嚼劲。其间不时搅拌，以免红米粘在锅底。

煮红米布丁的同时，制作掼奶油。用刀将香草荚纵向剖开，刮出香草籽。将香草籽放入一个碗中，加入淡奶油和白糖，搅打至硬性发泡。

根据自己的口味往红米布丁中加入白糖，做好的红米布丁趁热食用或冷藏后食用均可 **。食用时，在上面放 1 勺掼奶油。

* 你可以在一些大型超市、健康食品商店或网上商店买到杏仁奶。

** 等红米布丁冷却后，将其装入容器中，盖上盖子，冷藏 4 小时左右（可以保存几天）。食用前，你可能需要添加一点儿杏仁奶来让红米布丁变得松软。

准备时间：5 分钟；烹饪时间：30~35 分钟

葡萄柚胡椒蛋白塔

Grapefruit and pepper meringue tartlets

和第 221 页的覆盆子杏仁塔不同，这款蛋白塔是用布列塔尼饼干作为塔皮的。布列塔尼饼干是传统酥皮的完美替代品，有了它，你就不必冷藏和擀制酥皮面团了。我喜欢在蛋白霜里添加一些现磨黑胡椒粉。这听起来有些怪，但是胡椒的一点点辣味搭配葡萄柚凝乳的酸味，真的非常棒。

葡萄柚凝乳原料 • 1 个表皮无蜡的葡萄柚 • 100 克白糖 • 1 撮盐 • 1 个鸡蛋加 1 个蛋黄
• 满满 1 大勺玉米淀粉 • 50 克软化的黄油，切成丁
塔皮原料 • 75 克黄油，要非常软但未熔化的 • 75 克白糖 • 1 撮盐
• 1/2 个表皮无蜡的柠檬擦出的皮屑 • 2 个蛋黄
• 100 克中筋面粉 • 2 小勺泡打粉
意式蛋白霜 * 原料 • 100 克白糖 • 40 毫升水 • 2 个蛋白（大约 60 克）
• 1 撮盐 • 1/2 小勺黑胡椒粉

制作葡萄柚凝乳。将葡萄柚的表皮擦碎，挤出果汁。称量出 90 毫升果汁，倒入锅中，再加入葡萄柚皮屑、白糖、盐、鸡蛋和蛋黄，一边小火加热一边搅拌。加入玉米淀粉，继续搅拌。千万不要停下来，否则鸡蛋会凝固。一旦混合物像番茄泥一样浓稠并且冒出一两个气泡，就从炉子上拿下锅，拌入黄油丁，一次拌入一块。将做好的葡萄柚凝乳倒入碗中，将保鲜膜直接盖在凝乳表面。然后，将凝乳放入冰箱冷藏至少 1 小时（最好一整夜）。

制作塔皮 **。将烤箱预热至 180℃，在 6 个直径 8 厘米、高 5 厘米的环形模具内壁涂抹黄油 ***。将剩下的黄油、白糖、盐和柠檬皮屑放入碗中，搅打至黄油混合物膨松、颜色变浅。加入蛋黄，继续搅打。将中筋面粉和泡打粉混合并筛入黄油混合物中，继续搅拌，直到面糊变得光滑。将面糊装入安装了直径 1 厘米圆形裱花嘴的裱花袋中。

将面糊分别挤入 6 个环形模具中，使其高 3~4 毫米即可。将一把勺子放入热水中蘸一下，然后取出，抹平塔皮。将模具放入烤箱，烤 12~15 分钟，或直至塔皮变成金黄色（不要烤得颜色过深）。从烤箱中取出模具，冷却几分钟后，用一把尖锐的小刀沿着每个模具的内壁划一圈，使塔皮脱模。将塔皮放在冷却架上冷却（小心，它们很容易碎）。

制作意式蛋白霜。将白糖放入一口锅中，加入水，大火加热。煮至糖浆达到软

〉〉〉

球阶段（118℃），大约需要10分钟。如果没有熬糖温度计来测量，可以将一点点糖浆滴在一碗冰水中。如果它达到了软球阶段，就能够形成柔软而黏手的球形。

煮糖浆的同时，开始搅打蛋白。将蛋白、盐和黑胡椒粉放入一个玻璃碗或金属碗中。无须将蛋白混合物搅打到软性发泡的程度，搅打到略微起泡即可。一旦糖浆达到软球阶段，就一边快速搅打蛋白混合物，一边慢慢倒入糖浆（要使糖浆以细流的方式落在上面）。注意，不要将糖浆倒在厨师机的打蛋器上，而要沿着搅拌缸内壁倒入。继续搅打10分钟，或直至蛋白霜硬实而有光泽。

组装时，在塔皮上涂抹葡萄柚凝乳，再涂抹蛋白霜。接下来，你既可以将蛋白塔放入烤箱，用上方的加热管以非常高的温度烤几分钟，或者用烹饪用喷枪烤一下，使蛋白霜颜色变深即可。

* 意式蛋白霜是什么？制作法式甜点时通常会用到三种蛋白霜。

法式蛋白霜：最为人所熟知的蛋白霜，制作时只需将蛋白和白糖搅打均匀。它也是稳定性最差的蛋白霜，因为在搅打时蛋白没有被加热。因此，它打发后最好立即烘焙，否则蛋白会开始消泡。法式蛋白霜常用于制作法式夹心蛋糕和勃朗峰这样的甜点，或者直接食用。

瑞士式蛋白霜：蛋白和白糖一起搅打时要隔水加热，然后离开热源继续搅打，直到蛋白霜冷却并且硬性发泡。这种做法确保白糖完全溶解、蛋白非常硬实。它常用于裱花和烘焙成装饰物（挤成各种造型，比如蘑菇或花）。

意式蛋白霜：在搅打蛋白时将热糖浆倒在蛋白上。这样做可以加热蛋白，使蛋白霜稳定和硬实。它常用于装饰蛋糕顶部或者制作马卡龙。制作时，最好使用厨师机或者电动打蛋器。

** 这款塔皮是按照布列塔尼饼干的配方制作的，可以直接当作饼干食用。将它们放入密封容器中，最多可以保存一周。

*** 你也可以用1个直径25厘米的塔盘代替6个环形模具，制作一个大号蛋白塔。大号蛋白塔的烘焙时间为30~40分钟。

准备时间：1小时；冷藏时间：1小时至一整夜；烹饪时间：约30分钟；

奶酪拼盘配樱桃番茄香草酱

Cheese selection with cherry tomato and vanilla jam

对我来说，奶酪、葡萄酒和酥脆的法棍是完美的"铁三角"。有人会问，哪种奶酪最适合搭配葡萄酒和法棍？要知道，有 200 余种法国产的奶酪可供我们选择。难怪夏尔·戴高乐曾说："一个人该怎样治理一个拥有 246 种奶酪的国家？"

挑选奶酪这件事的确令人望而生畏，而当下并没有一条定律告诉我们该如何挑选。你大可以只吃一种好吃的奶酪，而非三种平淡无奇的奶酪。

在法国，许多奶酪拥有原产地命名控制（AOC）标签。也就是说，它们的产区受到法律的保护，它们的生产受到严格的监督。（可能最为人熟知的 AOC 产区就是香槟产区了，只有这里生产的含汽葡萄酒才能被称为"香槟"。）

如果你打算一餐吃多种奶酪，那么最好先吃味道最柔和的奶酪，这样你的味蕾才不会被味道浓郁的奶酪影响，尝不出前者的味道。例如，面对奶酪拼盘时，你应该先吃味道柔和的山羊奶酪，最后吃蓝纹奶酪。

任何事情在法国都会发展成一门艺术，切奶酪也是如此。切奶酪不需要太多技术，只需要遵循一条法则，切下来的任何一块都应该包含部分表皮（越靠近表皮，奶酪的味道就越浓郁）。

当你尝试挑选一款奶酪来搭配葡萄酒时，有一个简便的方法，那就是选择产地与葡萄酒产地相同的奶酪。例如，一杯卡尔瓦多斯苹果酒搭配卡蒙伯尔奶酪非常棒，因为它们都产自诺曼底地区。

一般来说，挑选奶酪时其质地和味道是主要的评判标准，其香气则是次要的。柔软的、乳脂状的奶酪搭配略甜、柔和的葡萄酒以及很酸的葡萄酒都很出色，而浓郁的咸味奶酪通常更适合搭配较酸的葡萄酒。记住，成熟度越高和越咸的奶酪，在搭配葡萄酒食用时其味道就越刺激。

下面列举的与各种奶酪搭配的葡萄酒仅供参考，你不要认为只能用它们来与那种奶酪搭配。说到底，如何搭配只是个人的口味问题。

因为不可能顾及每一种法国奶酪，所以我只列举了几种我喜欢的和容易买到的经典奶酪。如果你有幸找到一家奶酪厂，可以品尝一下那些不太出名的奶酪。

谢尔河畔塞勒奶酪

一种山羊奶酪，表面有一层炭粉般的霉。它的表皮是可以吃的而且味道奇特。总的来说，这种奶酪微酸、微咸，入口即化，余味是微弱的榛子味。

葡萄酒：桑塞尔葡萄酒、普伊－富美葡萄酒

»»»

克劳汀•德查维格诺尔干酪

一种山羊奶酪，最好在成熟后的 2 周后食用，那时它的表面会长出一层蓝白相间的霉，而且其中的一部分水分会蒸发。（在法国人看来，没有长霉的就称不上真正的克劳汀•德查维格诺尔干酪。）这种奶酪存放越久，就越硬，越易碎，也越咸。它稍微加热一下，搭配绿叶沙拉非常可口。

葡萄酒：桑塞尔葡萄酒

布里干酪

这种牛奶奶酪产自巴黎以东 50 千米的布里地区，在巴黎人的奶酪拼盘中十分常见。它的表皮呈浅黄色，如天鹅绒般柔软。和产自诺曼底地区的"近亲"卡蒙伯尔奶酪相比，它的质地略微滑腻，味道略微柔和。还有一种黑布里干酪，它的成熟期最长为一年，比普通的布里干酪硬实和干燥。后者的成熟期一般为 4~6 个月。黑布里干酪的传统吃法是早餐时蘸着咖啡吃。

葡萄酒：圣朱利安葡萄酒、香槟

孔泰奶酪

孔泰奶酪在法国的地位就如切达奶酪在英国的地位一般，它或许是法国最受欢迎的硬质奶酪。最好的孔泰奶酪按照其成熟期出售。它的成熟期分为 12 个月、18 个月和 36 个月。36 个月的孔泰奶酪通常会出现盐的结晶，几乎与帕尔玛干酪一般硬。孔泰奶酪是一种用途非常广泛的奶酪，能够用来制作三明治、舒芙蕾和焗烤的菜肴。

葡萄酒：汝拉葡萄酒

莫尔比耶奶酪

这种牛奶奶酪的中间有薄薄的一层蓝色物质贯穿。早期的奶酪制作者在早晨制作完孔泰奶酪后，会在剩余的牛奶上撒一成灰烬来保鲜，晚上又会把一些剩余的牛奶倒在上面。经过发酵，这层灰烬发霉变为蓝色，给这种奶酪带来奇特的外观和味道。

葡萄酒：萨瓦葡萄酒

卡蒙伯尔奶酪

这种著名的、气味刺鼻的软质奶酪产自诺曼底地区一个名叫卡蒙伯尔的小村庄。它成熟后摸起来软软的（它不会变硬），拥有乳脂般的黄色和轻微的霉味。有些卡蒙伯尔奶酪的表皮刷了苹果酒。

葡萄酒：圣埃美隆葡萄酒、卡尔瓦多斯苹果酒

》》》

洛克福尔奶酪

　　洛克福尔奶酪是法国继孔泰奶酪之后第二受欢迎的奶酪。1411 年，法国国王查理六世授予它原产地命名控制标签，以确保洛克福尔的村民成为这种著名的蓝纹奶酪的唯一制造者。洛克福尔奶酪的味道非常浓郁（如果你点了一份奶酪拼盘，一定要最后吃它），这意味着一小块就能留下长久的余味。鉴于它的具有强烈刺激性的味道，最好用较甜的或没有酸味的葡萄酒与它搭配。

　　葡萄酒：桑塞尔葡萄酒

樱桃番茄香草酱

Cherry tomato and vanilla compote

　　玛丽是我认识的唯一一位自己制作果酱、酸面团面包和酸奶的法国友人。因此，向她咨询用什么搭配奶酪是最合适不过的了。她建议我用樱桃番茄香草酱搭配成熟度高的山羊奶酪（如克劳汀·德查维格诺尔干酪）或者新鲜的山羊奶酪。

· 500 克樱桃番茄 · 1 撮盐 · 3 大勺白砂糖
· 3 大勺淡味橄榄油 · 1 根香草荚

　　清洗番茄，擦干，切成两半，切面朝上放在大号不粘烤盘上，撒上盐和白砂糖。放在室温下静置，同时制作香草油。

　　将橄榄油倒在小碗中。用刀纵向剖开香草荚，刮出香草籽。用小勺混合香草籽和橄榄油，再将香草荚放入碗中浸泡 15 分钟。

　　将烤箱预热至 120℃。

　　将碗中的香草油（连同香草荚一起）倒在番茄上，烤 50~60 分钟，不时查看一下。烤好的番茄应该依然是红色的，但有一部分颜色略微变深。

　　做好的樱桃番茄香草酱可以温热时享用，也可以晾凉后享用。（樱桃番茄香草酱可以冷藏保存几天。等它冷却后，将它刮入玻璃罐中，注意要刮下烤盘中的酱汁，然后用密封性好的盖子盖好。）

　　准备时间：20 分钟；静置时间：15 分钟；烹饪时间：50~60 分钟

法餐基础

Les bases de la cuisine française

回到基础

法式烹饪给人的印象是充满了术语、技巧和高高的白色厨师帽。与风格随性的意大利菜肴或疯狂的西班牙分子料理相比，法式菜肴可能看起来有些过时和保守，但还是有许多值得称道的东西。大多数的烹饪学校开设法式烹饪的课程并不是没有道理的。它能够让学生打好良好的基础，对烹饪有深刻的了解。

法式烹饪已经深深地融入西式烹饪，以至于我们常常没有意识到我们现在所推崇的某些东西其实拥有"法国血统"。剥去异国语言的外衣，法式烹饪留给我们的是一些基础的烹饪方法。一旦你理解了这些方法，它们就能应用并且适用于所有的菜肴，为你打开通往烹饪世界的大门。

无论你是初学者还是准大厨，了解法式烹饪的一些知识，比如如何制作基础高汤、白酱或沙拉油醋汁，将帮助你应对厨房里出现的任何状况。

高汤

一种液体，用肉、鱼或蔬菜小火熬煮以便它们的味道充分融入其中。它是汤、酱汁和炖菜的基础。

法语中的"高汤"为"fond"，这个词还有地基和基础的意思，这正说明高汤在法餐中的重要性。事实上，不仅法式菜肴得益于优质的高汤，任何一种需要用到高汤的菜肴都会因优质的高汤而在味道上上一个台阶。

你可能会认为，在今天这个忙忙碌碌的社会，人们没有时间制作高汤。其实，制作高汤所需的时间并不像你想象的那样长。你只需花 10 分钟准备，剩下的就是让它在炉子上慢慢熬煮了。之后，你得到的是比用小块浓汤宝稀释出的液体醇厚和浓郁的美妙汤汁（而且不含化学添加剂）。

除了水和制作高汤的原料，你不需要准备其他东西。你需要准备的是主要原料（肉、鱼骨或蔬菜）、香料包以及法国人称为调味蔬菜的洋葱、胡萝卜和芹菜。传统的香料包里有月桂叶、胡椒粒、欧芹茎和百里香。

因此，不管你制作的是哪种高汤，你所用的原料基本上相同，所用的技巧也相同。你只需将所有的原料放入汤锅中，小火熬煮并且撇去表面的浮沫（浮在汤汁表面的杂质和油脂）。

法餐中有两种不同的高汤：白色高汤(原料未烤过)和褐色高汤(原料烤过)。白色高汤一般用于制作白色酱汁，而褐色高汤拥有较深的颜色和浓郁的味道。

每种高汤所用的主要原料都赋予高汤独特的味道。

小牛肉 / 牛肉

牛膝是最适合制作肉高汤的部位，因为它富含胶原蛋白，能让高汤浓稠。和牛肉相比，法国人更喜欢小牛肉，因为它的味道更加清淡和鲜美（也含有更多的胶原蛋白）。

家禽

制作鸡高汤要使用去除内脏和头部的鸡或火鸡，以及鸡架和鸡翅（或者你喜欢的鸟类）。

鱼 / 甲壳纲动物

制作鱼高汤要使用脂肪主要储备在肝部的可食用海鱼（如青鳕、黑线鳕和鲽鱼）的骨头和头部。不要使用脂肪储备在鱼肉中的鱼，比如鲭鱼、金枪鱼或鲑鱼，因为它们会使高汤浑浊。甲壳纲动物（如虾、蟹、小龙虾、龙虾）的壳同样能制作鲜美的高汤。

蔬菜

有香味的蔬菜，如大葱、茴香、欧洲防风和芹菜，是制作蔬菜高汤的主要原料。用蘑菇制作的高汤有肉的香味。不要使用土豆、红薯、南瓜和其他富含淀粉的蔬菜，因为它们会使高汤浑浊。

制作高汤的小窍门

• 制作肉高汤或鱼高汤的黄金法则是冷水下锅、小火熬煮，然后保持微微沸腾的状态，直到高汤煮好。

　　为什么要冷水下锅、小火熬煮？这样可以让可溶于水的蛋白质在高汤中慢慢凝固并且浮在高汤表面，从而便于我们撇去浮沫。（热水下锅会让许多游离的小蛋白质分子进入高汤，从而令高汤浑浊，而大火煮沸会让油脂和杂质浮出表面，然后乳化并融入高汤。）

• 制作任何一种肉高汤和鱼高汤，都要使用骨头和不带脂肪的肉。

　　为什么要使用骨头和不带脂肪的肉？在小火熬煮骨头的过程中，其中的胶原蛋白转变为胶质并融入高汤，令高汤拥有浓稠的质地和丝滑的口感。骨头没有什么味道，这就是我们为什么还要使用肉的原因。肉能够给高汤带来味道。

高汤的保存

　　新鲜的肉高汤、鸡高汤和蔬菜高汤放入密封容器中，最多可以冷藏保存 5 天或冷冻保存 3 个月。鱼高汤最好在制作当天使用。

　　为了节省储存空间，小火将高汤煮至体积缩小一半，然后倒入制冰格并冷冻。无论你什么时候需要使用，都可以从冰箱中拿出一块自制"浓汤宝"。

白色高汤
大约 1 升

• 1.5 千克生的小牛膝或牛膝／去除内脏和头部的鸡或火鸡，或者鸡架和鸡翅／鱼骨和鱼头／甲壳纲动物的壳
• 2 个洋葱，每个切成四等份
• 1 根胡萝卜，切成两半

• 1 根芹菜茎，切成两半
• 1 个香料包（包含 1 片月桂叶、10 颗胡椒粒、5 根欧芹茎、2 枝百里香）• 1.5 升冷水

　　将骨头放入大号厚底汤锅中，加入冷水没过骨头，煮至沸腾，不要盖锅盖。取出骨头，用自来水冲洗，去除杂质。

　　将骨头放入干净的汤锅，加入剩下的原料和 1.5 升冷水（若水没有没过骨头，可以再加一点儿）。小火煮至微微沸腾，不要盖锅盖。用大号锅铲撇去表面的浮沫。小牛肉高汤和牛肉高汤小火煮 6 小时；鸡高汤和火鸡高汤小火煮 4 小时；鱼高汤煮 45 分钟，最多煮 1 小时*。不要盖锅盖，要确保骨头始终没入水中，不时撇去浮沫。若有必要，可加入热水。

　　煮好的高汤用咖啡滤纸或细眼滤网过滤后，晾凉。

* 鱼高汤不能煮过头，因为鱼骨容易分解出钙盐，钙盐会令高汤浑浊并且有股粉笔的味道。

褐色高汤
大约 1 升

• 1.5 千克生的小牛膝或牛膝／去除内脏和头部的鸡或火鸡，或者鸡架和鸡翅 *
• 2 大勺植物油（无味的油，不要使用橄榄油）
• 2 个洋葱，每个切成四等份，不要剥去表皮 **
• 1 根胡萝卜，切成两半
• 1 根芹菜茎，切成两半
• 1 个香料包（包含 1 片月桂叶、10 颗胡椒粒、5 根欧芹茎、2 枝百里香）
• 1.5 升冷水

　　将烤箱预热至 200℃。在骨头上抹油，将骨头和蔬菜一起放入烤盘中。烤

大约 1 小时，直到原料略微烤焦。将烤过的骨头和蔬菜放入干净的汤锅，加入香料包和 1.5 升冷水（若水没有没过骨头，可以再加一点儿）。小火煮至微微沸腾，不要盖锅盖。用大号锅铲撇去表面的浮沫。小牛肉高汤和牛肉高汤小火煮 6 小时，鸡高汤和火鸡高汤小火煮 4 小时，或直至高汤味道浓郁。不要盖锅盖，要确保骨头始终没入水中，不时撇去浮沫。若有必要，可加入热水。

煮好的高汤用咖啡滤纸或细眼滤网过滤后，晾凉。

* 你也可以使用烤好的鸡或火鸡，一开始仅将蔬菜放入烤箱烤熟。

** 洋葱的表皮可以加深高汤的颜色。

牛骨烧汁

老式的牛骨烧汁是用等量的褐色高汤和西班牙酱混合而成的，如今我们依然能在高档餐厅的菜单上看到它。你可以制作现代版的牛骨烧汁，方法很简单，将褐色高汤浓缩至能够附着在勺子背面

即可。高汤中的胶质就能让高汤浓稠，所以不必用油面酱来增稠。

蔬菜高汤
大约 1 升

• 1 大勺橄榄油 • 2 个洋葱，每个切成四等份，不要剥去表皮 • 3 瓣大蒜，拍扁 • 2 根胡萝卜，粗略切碎 • 2 根芹菜茎，粗略切碎 • ½ 个茴香茎，粗略切碎 • 2 个番茄，粗略切碎 • 8 个洋菇，清洗或剥去不干净的部分，粗略切碎 • 1 个香料包（包含 1 片月桂叶、10 颗胡椒粒、5 根欧芹茎、2 枝百里香）• ½ 小勺白糖 • 1 小勺盐 • 1.5 升冷水

将除了冷水以外的所有原料放入大号厚底汤锅中，用大火煎 10 分钟，使蔬菜变软并且略微烤焦。倒入冷水（如有必要，加入更多的水以没过蔬菜），小火煮至略微沸腾。不要盖锅盖，煮 30 分钟即可。冷却后用咖啡滤纸或细眼滤网过滤。

酱汁

法国人的厨房因各种酱汁而变得赫赫有名。这些酱汁的历史可以追溯到中世纪，厨师安托南·卡雷姆（1784—1833）将它们分成四大类。这些基础酱汁（又称母酱）包括白酱（使用了含乳脂的牛奶）、丝绒浓酱（使用了白肉、鱼或蔬菜）、西班牙酱（使用了烤过的肉）和番茄酱（使用了番茄），每种基础酱汁添加少许其他原料又可以制成"二级酱汁"。荷兰酱发明得比较晚，是第五

种也是最后一种基础酱汁，由它可以衍生出其他所有经典的乳状酱汁（如蛋黄酱和伯纳西酱）。

无论你用什么方法烹饪肉类、家禽、鱼或蔬菜——烘烤、炙、煮、烧烤——或者吃生的，可口的酱汁都会让食物的味道上一个台阶。酱汁不应该掩盖菜肴本身的味道，而会提升和带出菜肴的味道。此外，制作酱汁是一种避免浪费食物的途径，吃剩的食物经过烹饪立刻变

身为好吃的"新"菜。

油面酱

油面酱是一种给酱汁增稠的面糊，由等量的面粉和黄油（有时用猪油或鸭油）制成。面粉和黄油要炒到不再有生面粉的味道或者颜色变深，然后加入所需的液体。

下面介绍三种油面酱的做法。

白色油面酱：面粉和黄油要炒到不再有生面粉的味道并且未变色，用来制作以白酱为基础的酱汁。

金色油面酱：面粉和黄油要炒到变成淡金色，用来制作以丝绒浓酱为基础的酱汁。

褐色油面酱：面粉和黄油要炒到颜色和可口可乐的一样并且散发坚果的香气，用来制作以西班牙酱为基础的酱汁。

白酱
4~6 人份

它是一种用牛奶制作的酱汁，依靠白色油面酱来增稠，依靠洋葱、丁香和月桂叶来调味。白酱是最容易制作的基础酱汁，也是能够覆盖任何食材并且让它们变得好吃的酱汁。其使用范例参见焗烤烟熏鳕鱼（第 40 页）和焗烤菊苣火腿（第 141 页）的配方。

• 30 克黄油 • 30 克中筋面粉
• 500 毫升温热的牛奶
• ¼ 个洋葱，去皮 • 1 颗丁香 • 1 片月桂叶
• 1 撮肉豆蔻粉 • 适量盐和白胡椒粉

在大号的锅中加入黄油，开中火，使黄油熔化。加入面粉，用木勺用力搅打，直到混合物变成顺滑的糊（油面酱）。从炉子上拿下锅。加入 2 大勺牛奶，不断搅打。然后重复，直到加入 ¼ 的牛奶并且搅打均匀。改搅打为搅拌，逐渐拌入剩下的牛奶。将锅放回炉子上，开中火，加入洋葱、丁香和月桂叶，煮 10 分钟。其间不时搅拌，以免酱汁粘在锅底被烧焦。如果酱汁太浓稠（它的浓度应该和卡士达酱或浓稠的番茄酱一样），就再拌入一点点牛奶。取出洋葱、丁香和月桂叶，然后加入肉豆蔻粉，并用白胡椒粉和盐调味（如果你不介意酱汁中有黑色的小颗粒，用黑胡椒粉也很好）。

奶酪酱：在最后给白酱调味前，加入 200 克擦碎的格律耶尔奶酪或成熟的孔泰奶酪（或者味道浓郁的硬质奶酪，如切达奶酪或帕尔玛干酪）。

奶油芥末酱：在最后给白酱调味前，拌入满满 1 大勺带有颗粒的芥末酱。

刺山柑花蕾欧芹酱：在最后给白酱调味前，加入 2 大勺切碎的刺山柑花蕾和一把切碎的欧芹。

丝绒浓酱

它的做法和白酱的类似，除了用金色油面酱代替白色油面酱，并且用白色高汤或蔬菜高汤代替牛奶。

丝绒浓酱不单独使用，而是作为其他很多酱汁的基础。高汤不同，制作出的丝绒浓酱也有很大的不同（用蔬菜高汤做的最清淡），而且你可以添加洋菇、新鲜的芳香植物（如龙蒿和莳萝），或香料（如辣椒粉）。充分利用你的味蕾，创造出独特的丝绒浓酱吧！

下面介绍的贝西酱是一款经典的丝绒浓酱。其他丝绒浓酱的使用范例参见鸡肉蘑菇配白酒汁（第169页）和巴黎芦笋（第138页）的配方。

贝西酱
4 人份

传统做法是用鱼高汤为基底，加入金色油面酱以及冬葱、黄油和白葡萄酒，不加奶油。它是海鲜的完美伴侣。

- 2 个冬葱，细细切碎 • 2 团黄油
- 125 毫升干白葡萄酒
- 适量盐 • 几滴柠檬汁
- 1 把切碎的欧芹
丝绒浓酱原料 • 30 克黄油
- 30 克中筋面粉 • 450 毫升鱼高汤

制作丝绒浓酱。在大号汤锅中加入黄油，开中火，使黄油熔化。加入面粉，用木勺用力搅打，直到混合物变成顺滑的糊（油面酱）。继续搅打，直到油面酱开始变成淡金色。从炉子上拿下汤锅。

加入 2 大勺高汤，不断搅打。然后重复，直到加入了 ¼ 的高汤并且搅打均匀。改搅打为搅拌，逐渐拌入剩下的高汤。

将汤锅放回炉子上，中火煮 15~20分钟。其间不时搅拌，以免酱汁粘在锅底，从而被烧焦。如果酱汁太浓稠（它的浓度应该和卡士达酱或浓稠的番茄酱一样），就再拌入一点点高汤。从炉子上拿下汤锅。

在大号煎锅中加入 1 团黄油和切碎的冬葱，煎至冬葱变得透明。加入葡萄酒，煮 2 分钟，然后将冬葱混合物倒入丝绒浓酱中。将汤锅放回炉子上，小火煮 5 分钟。用盐和柠檬汁调味。使用前，拌入剩下的黄油，加入切碎的欧芹。

西班牙酱
4 人份

它是法餐中的一款经典酱汁，最近我数了数，它有 20 余种衍生酱汁。毫无疑问，它的用途非常广泛。

传统的西班牙酱要煮几小时以达到浓缩的效果。这个配方是我的简化版，按照它制作的西班牙酱适合搭配烘烤、烧烤或煮过的肉，你也可以添加其他原料 * 以使其适合搭配几乎所有的菜肴。

- 30 克肥腊肉片或切成丁的烟熏培根 **
- 1 个洋葱，细细切碎
- 1 根胡萝卜，细细切碎
- 1 根芹菜茎，细细切碎
- 30 克黄油 • 30 克中筋面粉
- 500 毫升温热的小牛肉高汤或牛肉高汤
- 1 大勺番茄酱 • 1 个香料包（包含 1 片月桂叶、10 颗胡椒粒、5 根欧芹茎、2 枝百里香）

用中火煎蔬菜和肥腊肉片，直至它们变成金黄色。用漏勺捞出蔬菜和肥腊肉片，使尽可能多的油脂留在锅中。将黄油放入锅中，待黄油熔化后撒入面粉，不断搅拌，直至面粉的颜色变得和可口可乐的一样（这就是褐色油面酱）。调至小火，慢慢倒入温热的高汤，用力搅拌。等高汤质地均匀后，加入番茄酱，搅拌至番茄酱完全融入其中。将蔬菜和肥腊

肉片放回锅中，放入香料包，小火煮15分钟。最后，用滤网过滤出蔬菜、肥腊肉片、香料包和杂质，过滤好的酱汁如丝般柔滑。尝一下味道，调味***。

* 参见荷包蛋配红酒汁（第18页）和香肠土豆泥配魔鬼汁（第57页）的配方。

** 如果你不喜欢猪肉，就用1大勺黄油代替肥腊肉片。

*** 如果你喜欢，可以在调味前加入2~3大勺法式酸奶油。

番茄酱

下面这些番茄酱便于制作，是家庭常备的酱汁。它们可以提前做好，甚至可以冷冻保存。

埃斯科菲耶番茄酱

4~6人份

你可能认为意大利人已经将番茄酱制作得出神入化，不过法国的埃斯科菲耶番茄酱*同样是一款非常重要的酱汁。肥腊肉片和小牛肉高汤的加入为这款酱汁带来了醇厚的肉味。如果你愿意，还可以在上桌前添加少许高脂厚奶油或1团黄油。

下面是经过我调整的埃斯科菲耶番茄酱配方。

- 30 克黄油・1 瓣大蒜，捣成泥
- 50 克肥腊肉片或切成丁的烟熏培根
- 1 个洋葱，细细切碎
- 1 根胡萝卜，切成中等大小的丁
- 30 克中筋面粉

- 500 毫升温热的小牛肉高汤或牛肉高汤
- 1 千克番茄，粗略切碎
- 1 撮白糖，或根据口味调节用量
- 适量盐和胡椒粉

在大号煎锅中加入黄油，加热以使黄油熔化。加入蒜泥、肥腊肉片、洋葱碎和胡萝卜丁，中火翻炒10分钟，直至蔬菜出水、变软，肥腊肉片中的部分油脂熔化。用漏勺捞出蔬菜和肥腊肉片，使尽可能多的油脂留在锅中。撒入面粉，再翻炒几分钟，然后一边不停搅拌，一边慢慢倒入高汤。

加入番茄碎，盖上锅盖，小火煮1小时，或直至番茄碎完全融入汤中。

将混合物倒入搅拌器中，搅打成顺滑的糊。尝一下味道，用白糖、盐和胡椒粉调味。

* 奥古斯特・埃斯科菲耶（1846—1935）是促使法式烹饪现代化和盛行于世的先锋。正是因为他，才有了我们现在看到的法式烹饪。1903年，他出版了《烹饪指南》。由于书中介绍的配方和厨房管理方法极具价值，这本书至今仍然被专业厨师看作重要的参考文献。得益于在法国军队服役的经历，埃斯科菲耶根据权威性、责任感和功能来划分厨房员工的等级，为每位员工指派各自的任务。这套管理方法至今仍在全世界的餐馆中实行。

现代番茄酱（全素番茄酱）

2~3人份

- 1 个洋葱，细细切碎
- 1 根胡萝卜，细细切碎
- 1 根芹菜茎，细细切碎
- 1 瓣大蒜，捣成泥
- 2 大勺橄榄油・500 克番茄罐头，切碎

• 1 撮白糖 • 适量盐和胡椒粉

在锅中加入橄榄油，再加入洋葱碎、胡萝卜碎、芹菜碎和蒜泥，翻炒 10 分钟，直至蔬菜出水、变软。加入番茄碎，盖上锅盖，小火煮 1 小时。

将混合物倒入搅拌器中，搅打成顺滑的糊。尝一下味道，用白糖、盐和胡椒粉调味。

黄油酱

下面这些酱汁或许是能够最快为鱼（参见干煎鲽鱼配柠檬黄油汁，第 162 页）、肉类、家禽和蔬菜增添味道的酱汁。它们的做法非常简单，主要是熔化少许黄油。

白黄油酱
2~3 人份

• 1 个冬葱，细细切碎
• 6 大勺干白葡萄酒
• 4 大勺白酒醋 • 4 大勺高脂厚奶油
• 100 克黄油，切成丁 • 适量盐
• 1 撮卡宴辣椒粉

在煎锅中小火加热冬葱碎、干白葡萄酒和白酒醋，直到混合物浓缩为 1 大勺。从炉子上拿下锅，拌入高脂厚奶油，然后一次拌入一块黄油丁。一定要用力搅拌。如果黄油没有熔化，就将煎锅放回炉子上，小火加热。等所有的黄油融入混合物中，用盐和一点点卡宴辣椒粉调味。立即上桌。

可以撒上切碎的芳香植物（如薄荷、欧芹、罗勒或龙蒿）以增添香味。

焦化黄油
2 人份

• 100 克黄油，切成丁
• 1 大勺切碎的欧芹

将黄油丁放入大号煎锅中，中火加热至黄油变成褐色。从炉子上拿下锅，加入欧芹碎。立即上桌。

柑橘黄油酱
2 人份

• 1 个柠檬榨出的汁 • 4 大勺干白葡萄酒
• 100 克黄油，切成丁 • 适量盐

在煎锅中小火加热柠檬汁和干白葡萄酒，直到混合物浓缩为 1 大勺。从炉子上拿下锅，一次拌入一块黄油丁。一定要用力搅拌。如果黄油没有熔化，就将煎锅放回炉子上，小火加热。等所有的黄油融入混合物中，用少许盐调味。立即上桌。

乳状酱汁

下面这些乳状酱汁是用一些通常不太容易互相融合的液体制作的。这些液体经过快速搅拌变得顺滑，它们的浓度在所有的酱汁中是最高的。按照我的配方和一些小窍门，制作这些乳状酱汁轻而易举。

荷兰酱
2~3 人份

尽管从名称来看荷兰酱产自荷兰，但是历史学家一致认为，荷兰酱是法国人发明的，很有可能是 18 世纪中期出现的。荷兰酱与芦笋，就如同薄荷与青豆，乃天作之合。荷兰酱也可以与其他蔬菜搭配（特别适合搭配长梗紫甘蓝，这种紫甘蓝可以蘸着荷兰酱食用）。

• 3 个室温下的蛋黄
• 200 克黄油，熔化并且保持温热
• ½ 个柠檬榨出的汁 • 适量盐和胡椒粉

将一个大号耐热碗放在一口锅上，使锅里的水微微沸腾。将蛋黄放入碗中，一边搅拌一边加入熔化和温热的黄油，要一滴一滴地加。不断搅拌*，直至混合物的浓度与浓稠的奶油一样。将碗从锅上拿下来，加入柠檬汁，尝一下味道后用盐和胡椒粉调味。立即上桌。

* 一定要不断地用力搅拌，这样有助于水和油的小颗粒均匀地分散，从而阻止酱汁水油分离。

伯纳西酱：在锅中放入 6 大勺干白葡萄酒、6 大勺白酒醋，再加入 10 颗胡椒粒和细细切碎的冬葱，小火煮至混合物的体积减半。过滤后冷却几分钟（让它变得温热、不烫手即可），然后拌入做好的荷兰酱，再拌入 2 大勺切碎的龙蒿。（如果你用薄荷代替龙蒿，做出的就是波城酱，又称薄荷酱，它适合搭配烤羊肉和羊肉。）

马耳他酱：在锅中放入 100 毫升橙汁，小火煮至橙汁浓缩为 2 大勺左右。拌入做好的荷兰酱，再拌入 1 个表皮无蜡的橙子的皮屑。尝一下味道，有必要的话加调料调味。

慕斯林酱：将 1 个蛋白搅打至软性发泡后，拌入做好的荷兰酱。尝一下味道，有必要的话加调料调味。

蛋黄酱
2~3 人份

3 个室温下的蛋黄
• 200~250 毫升葵花子油或其他植物油 *
• 几滴白酒醋或柠檬汁 • 适量盐

将蛋黄放入大号玻璃碗或不锈钢碗中，将碗放在一块潮湿的茶巾上（防止碗在搅打过程中滑动）。先略微打散蛋黄，然后一滴一滴地加入葵花子油并继续搅打，直到蛋黄开始变浓稠并且颜色变浅。

继续滴入葵花子油，直到蛋黄酱的浓度达到你的要求。加入几滴白酒醋或柠檬汁，用盐调味。

* 如果你喜欢蛋黄酱有橄榄油的味道，就在混合物变浓稠并且颜色变浅后改用特级初榨橄榄油。我发现，如果只使用橄榄油，会让蛋黄酱的味道变苦。

你还可以撒上切碎的芳香植物（如薄荷、欧芹、罗勒或龙蒿）以增添香味。

如果你喜欢略微有些辣的酱汁，为何不加入一点儿日式芥末酱、哈里萨辣椒酱或甜辣酱呢？

塔塔酱：将刺山柑花蕾、酸黄瓜、欧芹和龙蒿各 1 大勺混入蛋黄酱中即可。

鸡尾酒酱：将 1 大勺番茄酱、1 小勺干邑白兰地、1 小勺伍斯特辣酱油和少许塔巴斯科辣椒酱（或 1 撮卡宴辣椒粉）混入蛋黄酱中。

油醋汁
足够制作 4~6 人份的绿叶沙拉

油醋汁并不总是用作沙拉的调味酱

汁。从 18 世纪晚期到 19 世纪中期，它的英文名"vinaigrette"指的是一种用黄金、珍珠蚌或象牙制成的小盒子。那个时代的时髦女士将这种小盒子挂在项链上，其中装有一小块浸泡过香醋的海绵。当女士们脸颊通红时，她们会用海绵轻拍前额和鬓角。

我觉得，要想给红脸颊降降温，吃一份装饰得十分漂亮的新鲜绿叶沙拉更有效。法国人知道如何装饰，不管是在服饰方面，还是在制作沙拉方面。他们总能装饰得简洁而经典。

一般来说，油醋汁中油和酸性调料的比例是 3 : 1。不过，你的个人口味将最终决定酸性调料的用量是多一些还是少一些。

等你了解了基本做法后，就可以随意地往你的油醋汁中添加不同种类的芥末酱、切碎的芳香植物、冬葱或辣椒粉了。要想了解其他种类的油醋汁的做法，参见胡萝卜沙拉和芹菜根苹果沙拉（第94 页）的配方。

6 大勺油 * • 2 大勺醋或柠檬汁
• 1 小勺盐 • 1 撮白糖

将油和醋放入干净的空罐子中并用力摇晃，或者放入碗中搅拌，确保它们混合均匀。用盐和白糖调味。用一片沙拉菜蘸油醋汁，尝一下味道，有必要的话再加入调料来调味。由于不含芳香植物，油醋汁装入密封容器中，可以在阴凉的橱柜里保存几个月，使用前拌匀或摇匀（如果装在罐子里）即可。

* 葵花子油或其他植物油会为油醋汁带来清淡的香味，特级初榨橄榄油的味道则过于浓郁。我发现，葵花子油或其他植物油搭配少许橄榄油来制作油醋汁非常合适。你也可以尝试使用其他味道独特的油，比如榛子油、开心果油和南瓜子油。

如何制作醋

如果你和我一样，家里经常剩余一些葡萄酒，并且不知道怎么处理它，可以用它来制作醋（当然，你也可以将剩余的葡萄酒倒入制冰格中冷冻，在以后烹饪时使用）。在家里制作醋其实很简单，而且做出来的醋比买来的醋味道更丰富。

你需要等量的红酒 * 和有机苹果醋（或其他天然发酵的醋）**。将它们搅拌均匀，倒入干净的大号容器中，确保容器中有足够大的空间以供空气流通。在容器上盖一块干酪布，然后盖上密封性不好的盖子，放在凉爽、背光的地方。一周后，取下盖子和干酪布，闻一下，你应该可以闻到明显的醋味和淡淡的葡萄酒味。这时的醋可以使用了，不过，它要是再储存一周，味道会更丰富。当你需要使用时，倒出一部分醋，然后往容器中添加新的葡萄酒。存放的时间越长，醋的味道就越丰富。将它放在背光的橱柜里，可以保存六个月。

* 可以用白葡萄酒或香槟代替红葡萄酒。
** 有机苹果醋中的活性细菌可以将葡萄酒转变成醋。

糕点奶油

糕点奶油
大约 600 克

准备时间：20 分钟
冷藏时间：1 小时
烹饪时间：20 分钟

糕点奶油可能不像大多数的法式甜点那样听起来就令人兴奋不已，但它确实是一款值得学习制作的酱料。

等你掌握了它的制作方法，就没有什么能够难倒你了。糕点奶油可以填充闪电泡芙、千层饼、塔、蛋糕、甜甜圈和迷你甜点，还可以拌入打发的奶油中用来制作慕斯。它的用途数不胜数。此外，它还可以做成各种味道的：香草味、巧克力味、咖啡味、香橙味、肉桂味等。你几乎可以将糕点奶油用于任何一种法式甜点中。它就是这么全能。它还可以提前制作好，冷藏保存 2~3 天。咖啡甜点套餐（第 194~197 页）就是展现它的用途的很好的例子。你需要做的是，按照基础配方制作一份糕点奶油，然后用一些额外的原料来制作三种迷你甜点：香橙慕斯、黑醋栗乳脂松糕和迷你草莓塔。不要告诉客人这些甜点的做法有多么简单，不然他们不会对你的大作印象深刻。

- 120 克蛋黄（大约 6 个中号鸡蛋的蛋黄）
- 100 克细砂糖 • 40 克玉米淀粉
- 1 根香草荚 * • 500 毫升全脂牛奶

将蛋黄和细砂糖一起搅打，直至蛋黄混合物颜色变浅并且变得浓稠。然后拌入玉米淀粉。

用刀纵向剖开香草荚，用刀背刮出香草籽。将香草荚和香草籽（或者你选择的调味品）放入装有牛奶的汤锅中，煮至沸腾后关火。取出香草荚，一边将牛奶慢慢倒入蛋黄混合物中，一边用力搅拌。将混合物倒回干净的汤锅中，开中火，继续搅拌。一定要刮汤锅的内壁和锅底，以免混合物烧焦。混合物开始变浓稠。等它开始冒一两个气泡后，将汤锅从炉子上拿下来。

将做好的糕点奶油倒在铺了保鲜膜的烤盘中，再盖上一层保鲜膜（轻拍保鲜膜，让它直接接触糕点奶油表面），然后将烤盘放入冰箱冷藏至少 1 小时再使用。

* 如果不喜欢香草味的糕点奶油，你可以制作其他口味的糕点奶油。

巧克力味：添加满满 2 大勺可可粉。

咖啡味：添加 2 小勺速溶咖啡粉。

摩卡味：添加 2 小勺速溶咖啡粉和满满 1 大勺可可粉。

柑橘味：添加 1 个橙子、柠檬或酸橙的皮屑或者这三种水果的混合皮屑。

薰衣草味：添加 1 小勺干薰衣草（在牛奶中浸泡后取出，然后混合牛奶和蛋黄混合物）。

茶味：添加满满 2 大勺伯爵红茶粉、绿茶粉或抹茶粉（在牛奶中浸泡后滤出，然后混合牛奶和蛋黄混合物）。

香料味：尝试添加肉桂粉、生姜粉、零陵香豆、肉豆蔻粉或辣椒粉（这种糕点奶油非常适合与巧克力搭配）。

烹饪笔记

除非另有说明，我在配方中使用的是以下原料：

- 粗海盐；
- 现磨黑胡椒；
- 现磨肉豆蔻；
- 全脂牛奶；
- 无盐黄油；
- 中等大小的鸡蛋、水果和蔬菜；
- 香料包，包含 1 片月桂叶、10 颗黑胡椒粒、5 根欧芹茎、2 枝百里香。

除非另有说明，用勺子称量时均舀平平的一勺。

- 1 小勺 = 5 毫升
- 1 大勺 = 15 毫升

配方中提供的烘焙温度是以普通台式电烤箱为参照的。如果你使用的是对流式烤箱，就将烘焙温度降低 20℃。如果你使用的是其他烤箱，参考下页中的度量单位换算表。

重量

7.5 g	¼ oz	85 g	3 oz	340 g	12 oz	1.1 kg	2½ lb
15 g	½ oz	100 g	3½ oz	370 g	13 oz	1.4 kg	3 lb
20 g	¾ oz	115 g	4 oz	400 g	14 oz	1.5 kg	3½ lb
30 g	1 oz	140 g	5 oz	425 g	15 oz	1.8 kg	4 lb
35 g	1¼ oz	170 g	6 oz	455 g	1 lb	2 kg	4½ lb
40 g	1½ oz	200 g	7 oz	565 g	1¼ lb	2.3 kg	5 lb
50 g	1¾ oz	225 g	8 oz	680 g	1½ lb	2.7 kg	6 lb
55 g	2 oz	255 g	9 oz	795 g	1¾ lb	3.1 kg	7 lb
65 g	2¼ oz	285 g	10 oz	905 g	2 lb	3.6 kg	8 lb
70 g	2½ oz	310 g	11 oz	1 kg	2 lb 3 oz	4.5 kg	10 lb

烤箱温度

非常低	110 °C	225 °F	燃气烤箱 ¼
非常低	130 °C	250 °F	燃气烤箱 ½
低	140 °C	275 °F	燃气烤箱 1
较低	150 °C	300 °F	燃气烤箱 2
中等偏低	160 °C	325 °F	燃气烤箱 3
中等	180 °C	350 °F	燃气烤箱 4
中等偏高	190 °C	375 °F	燃气烤箱 5
高	200 °C	400 °F	燃气烤箱 6
非常高	220 °C	425 °F	燃气烤箱 7
非常高	230 °C	450 °F	燃气烤箱 8
最高	240 °C	475 °F	燃气烤箱 9

 ILLES DE MER

 LE THON

 LES AMANDES

 LE CAHIER

 LA VAISSELLE

 LE FENOUIL

 OUR

L'HUITRE

 LES CHANTERELLES

 LA COCOTTE

LA CARAFE D'EAU

 LE POULET

 ASTIS

LES FROMAGES

 LE COCKTAIL

 LE TIRE BOUCHON

 LES POMMES DE TERRE

 LE CÈPE

 BOL

LES POIVRONS

 LE GÂTEAU

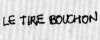 LA RHUBARBE

 LA SALADE

 L'ORANGE

 CRE

LA LAVANDE

 LE SANDWICH

 LE MOULIN À POIVRE

 LES PIMENTS

 LA FARINE

 OIRE

LES ALLUMETTES

 LE PANIER

 LE ROMARIN

 LE THÉ

 LA MENTHE

 UNE PLANCHE À DÉCOUPER

 LE ROULEAU À PÂTISSERIE

 LES ABEILLES

 LE SAC À DOS

 LA BAGUETTE

 LAIT

ERVIETTES

 LES OIGNONS FRAIS

 L'HUILE D'OLIVE

 L'ARBRE

 LE CITRON

 LE SAUCISSON SE

LA TABLE

LA RÂPE

LES CAROTTES

LE TABLIER

LE CONCOMBRE

LE CHOCOL

LES VERRES

LES OEUFS

LE THYM

LA POMME

LES BADIANES

LE THER

LE SOLEIL

LES PISTACHES

LES CRAYONS

LA CREVETTE

LES CORNICHONS

LES AS

LA CASSEROLE

LE COUTEAU

L'OIGNON

LES TOMATES CERISE

LE CHOU

UNE COUP
CHAMPA

LES RAISINS

LA LIMONADE

LE BEURRE

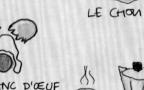
LE BLANC D'ŒUF
LE JAUNE D'ŒUF

LA FR

UNE CUILLÈRE EN BOIS

LA PLUIE

LA MARYSE

L'HEURE DU DÉJEUNER

LE CAFÉ

LE RÉCHAUD À GAZ

LES CERISES

LA COUVERTURE

L'AIL

LE SEL

LA COQUILLE
SAINT-JAC

UNE BOUTEILLE
DE VIN

LE FOUET

LA POÊLE

L'HERBE

LA GOUSSE
DE VANILLE

LA CRÈ
CHANT

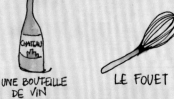

UN VERRE
DE VIN

LES OL